高等教育土建学科专业“十二五”规划教材
高职高专土建类“411”人才培养模式
综合实务模拟系列教材

施工图识读实务模拟

主　编　夏玲涛
副主编　陈伟东
主　审　陈绍名

中国建筑工业出版社

图书在版编目（CIP）数据

施工图识读实务模拟 / 夏玲涛主编 .—北京：中国建筑工业出版社，2008（2022.1 重印）
高等教育土建学科专业“十二五”规划教材
高职高专土建类“411”人才培养模式综合实务模拟系列教材
ISBN 978-7-112-10257-0

Ⅰ. 施… Ⅱ. 夏… Ⅲ. 建筑制图-识图法-高等学校：技术学校-教材 Ⅳ. TU204

中国版本图书馆 CIP 数据核字（2008）第 118179 号

本书为土建类“411”人才培养模式综合实务模拟系列教材之一。全书分为5部分，分别为：综述、建筑施工图的识读、结构施工图的识读、给水排水施工图的识读、电气施工图的识读、图纸自审及会审。本书可作为高职高专土建类专业综合实训阶段的教学指导用书，也可供相关专业技术人员参考。

* * *

责任编辑：朱首明　李　明
责任设计：赵明霞
责任校对：安　东　关　健

高等教育土建学科专业“十二五”规划教材
高职高专土建类“411”人才培养模式
综合实务模拟系列教材
施工图识读实务模拟
主　编　夏玲涛
副主编　陈伟东
主　审　陈绍名
*
中国建筑工业出版社出版、发行（北京西郊百万庄）
各地新华书店、建筑书店经销
北京千辰公司制版
北京圣夫亚美印刷有限公司印刷
*
开本：850×1168 毫米　1/16　印张：9¼　字数：300 千字
2008 年 9 月第一版　2022 年 1 月第十二次印刷
定价：20.00 元
ISBN 978-7-112-10257-0
（17060）

编审委员会

序

欣闻“411”人才培养模式综合实务模拟系列教材由中国建筑工业出版社正式出版发行，深感振奋。借助全国高职土建类专业指导委员会这一平台，我曾多次与“411”人才培养模式的研究实践人员、该系列教材的编著者有过交流，也曾数次到浙江建设职业技术学院进行过考察，深为该院“411”人才培养模式的研究和实践人员对于高职教育的热情所感动，更对他们在实践过程中的辛勤工作感到由衷的佩服。此系列教材的正式出版是对他们辛勤工作的最大褒奖，更是“411”人才培养模式实践的最新成果。

“411”人才培养模式是浙江建设职业技术学院新时期高职人才培养的创举。“411”人才培养模式创造性的开设综合实务模拟教学环节，该教学环节的设置，有效地控制了人才培养的节奏，使整个人才培养更符合能力形成的客观规律，通过综合实务模拟教学环节的设置提升学生发现、解决本专业具有综合性、复杂性问题的能力，以此将学生的单项能力进行有效的联系和迁移，最终形成完善的专业能力体系，为实践打下良好的基础。

综合实务模拟系列教材作为综合性实践指导教材，具有鲜明的特色。强调项目贯穿教材。该系列教材编写以一个完整的实际工程项目为基础进行编写，同时将能力项目贯穿于整个教材的编写，所有能力项目和典型工作任务均依托同一工程背景，有利于提高教学的效果和效率，更好的开展能力训练。突出典型工作任务。该系列教材包含《施工图识读综合实务模拟》、《高层建筑专项施工方案综合实务模拟》、《工程资料管理实务模拟》、《施工项目管理实务模拟》、《工程监理实务模拟》、《顶岗实践手册》、《综合实务模拟系列教材配套图集》等七本，突出了建筑工程技术和工程监理专业技术人员工作过程中最典型的工作任务，学生通过这些依据工作过程进行排列的典型工作任务学习，有利于能力的自然迁移，可以较好的形成综合实务能力，解决部分综合性、复杂性的问题。

该系列教材的出版不仅反映了浙江建设职业技术学院在建设类“411”人才培养模式研究和实践上的巨大成功，同时该系列教材的正式出版也将极大的推动高职建设类人才培养模式研究的进一步深入。此外该系列教材的出版更是对高职实践教材建设的一次极为有益的尝试，其对高职综合性实践教材建设的必将产生深远影响。

全国高职高专教育土建类专业指导委员会秘书长

土建施工类专业指导分委员会主任委员

杜国城

前　言

《施工图识读实务模拟》是浙江建设职业技术学院“411”人才培养模式下第二阶段综合实务能力训练的核心课程之一，是一门实践性很强的综合实务能力训练课程。“图纸是工程师的语言”，识读施工图是工程技术人员必备的基本技术，识读能力反应了对施工图理解和实施的水平。《施工图识读实务模拟》课程以真实的工程项目为载体，进行识读训练，将第一阶段的专项知识转化为识读能力、纠错能力等综合实务能力的提升。同时学好该课程，具备识读能力，也是后续课程正常开展的前提和必要条件。可以说，该课程在“411”人才培养模式的运行环节中居于承前启后的地位，起到了决定性的作用。

本书编写时对施工图的识读能力标准进行了定位，以职业素质为根本，将识读能力分为三个层次，第一层次是基本识读能力，即掌握施工图的基本知识，能正确识读施工图，理解设计意图；第二层次是独立校审能力，即在正确识读施工图的基础上，能对施工图进行校对审核，发现图纸中的问题，能编写自审记录以备图纸会审时提出商讨；第三层次是解决问题能力，即发现问题后并能解决问题，或提出修改建议，这一能力需要具备丰富的理论知识和实践经验，因此是识读能力的最高层次。

本书内容精炼，由施工图识读综述和 5 个项目组成，项目 1 为建筑施工图的识读；项目 2 为结构施工图的识读；项目 3 为给水排水施工图的识读；项目 4 为电气施工图的识读；项目 5 为图纸自审及会审。为更好的强调项目贯穿教材，我们还编写了《综合实务模拟系列教材配套图集》，教学时可针对配套图集中的工程项目进行系列综合实务模拟训练。

本书除了作为建筑技术专业、监理专业、建筑经济专业学生的综合实训教材以外，还可以作为建筑施工技术入门人员学习建筑工程施工图识读的指导书，也可供建筑行业其他工程技术人员及管理人员工作时参考。

本书由浙江建设职业技术学院夏玲涛（高级工程师、国家一级注册结构师）任主编，浙江建设职业技术学院陈伟东（工程师、国家一级注册建造师）任副主编，施工图识读综述、项目 1、项目 5 由夏玲涛编写，项目 2 由陈伟东编写；项目 3 由杭州天元建筑设计研究院魏群（工程师、国家注册设备师）编写；项目 4 由杭州天元建筑设计研究院姚海婷工程师编写。全书由深圳职业技术学院陈绍名主审。在本书编写过程中，得到了杭州天元建筑设计研究院金青峰总工（高级工程师、国家一级注册建筑师）、张凯南建筑师、杭州恒元建筑设计研究院黎怀灵总工（高级工程师、国家一级注册结构师）、浙江建院建筑设计院等诸多单位和专家的大力支持和帮助；同时，编写委员会提出了编写意见和建议，浙江建设职业技术学院的诸多同事也提供了资料和帮助，在此一并表示感谢。

“411”人才培养模式是一个创新人才培养教学模式，在“411”人才培养模式“追求工程真实情境，提升学生顶岗能力”理念的指导下，综合实践训练——“施工图识读实务模拟”的方式和内容正处在不断探索之中，同时还需要结合新技术，新工艺、新材料、新结构的发展不断地补充、完善，另外由于编者水平有限，时间比较仓促，书中缺点与问题在所难免，恳请读者批评指正。

目　　录

综　　述

单元 1

建筑工程施工图的基本知识

1.1　建筑工程概述

“建筑工程”在《中华人民共和国建筑法》有明确的定义，是指各类房屋建筑及附属设施的建造和与其配套的线路、管道、设备的安装活动。

“房屋建筑”是指具有屋盖、梁、柱和墙壁，供人们生产、生活等使用的建筑物，包括民用住宅、厂房、仓库、办公楼、影剧院、体育馆、学校校舍的各类房屋。一幢建筑物一般是由基础、墙体（或柱）、楼地层（或梁）、楼梯、屋顶、门窗等六大部分组成。

“附属设施”是指与房屋建筑配套建造的围墙、水塔等附属的建筑设施。

“配套的线路、管道、设备的安装活动”是指建筑配套的电气、通信、煤气、给水、排水、空气调节、电梯、消防等线路、管道和设备的安装活动。

1.2　建筑工程施工图

1.2.1　建筑工程图的类别

建筑工程图是以投影原理为基础，按国家制图标准，把建筑工程的形状、大小等准确地表达在平面上的图样，并同时标明建筑工程所用材料以及生产、安装等的要求。建筑工程图是建筑工程建设的技术依据和重要的技术资料。

根据建筑工程建设过程中各个阶段的不同要求，建筑工程图分为方案设计图、建筑工程施工图和建筑工程竣工图。

由于建设过程中各个阶段的任务要求不同，各类图纸所表达的内容、深度和方式也有差别。方案设计图主要是为征求建设单位的意见和供有关主管部门审批；建筑工程施工图是施工单位组织施工的依据；建筑工程竣工图是工程完工后按实际建造情况绘制的图样，作为技术档案保存起来，以便于需要的时候查阅。

1.2.2　建筑工程施工图的内容

建筑工程施工图包括以下内容：

（1）图纸总封面，总封面应标明：项目名称；编制单位名称；项目的设计编号；设计阶段；编制单位法定代表人、技术总负责人和项目总负责人的姓名及其签字或授权盖章；编制年月（即出图年、月）。

（2）所有涉及的专业设计图纸，包含总图、建筑施工图、结构施工图、给水排水施工图、电气施工图、暖通空调施工图等。

（3）工程预算书。

注：对于方案设计后不做扩初设计，直接进入施工图设计的项目，若合同未要求编制工程预算书，施工图设计文件应包括工程概算书。

1.2.3 建筑工程施工图的编排顺序

（1）建筑工程施工图应按专业顺序编排。一般应为总图、建筑施工图、结构施工图、给水排水施工图、电气施工图、暖通空调施工图等。

（2）各专业的图纸，应该按图纸内容的主次关系、逻辑关系，有序排列。一般是全局性图纸在前，表明局部的图纸在后；先施工的在前，后施工的在后；重要图纸在前，次要图纸在后。

建筑工程施工图的识读概述

一套建筑工程施工图通常由建筑、结构、给水排水、电气、暖通空调等多个专业的图纸组成。“图纸是工程师的语言”，设计人员通过绘制施工图，来表达设计构思和设计意图，而施工人员通过正确地识读施工图，理解设计意图，并按图施工，使工程图纸变成工程实物。

对识读图纸的初学者来说，由于图纸数量多，且各工种相互配合，紧密联系，往往会感到无头绪，抓不住要点，分不清主次。如何识读施工图，准确理解设计意图，应注意以下几点：首先应掌握投影原理和熟悉房屋建筑构造、结构构造及常用图例，这是识图读图的前提条件；其次是正确掌握识读图纸的方法和步骤，最后就是需要耐心细致，并联系实践反复练习，不断提高识读图纸的能力。

2.1 识读方法

根据经验，可将施工图识读方法归纳为：从下往上、从左往右；由先到后；由粗到细、由大到小；建施与结施结合、其他设备施工图参照看。

（1）从下往上、从左往右、从大到小的看图顺序是施工图识读的一般顺序。比较符合看图的习惯，同时也是施工图绘制的先后次序。

（2）由先到后看，指根据施工先后顺序，比如看结构施工图，从基础、墙柱、楼面到屋面依次看，此顺序基本上也是结施图编排的先后顺序。

（3）由粗到细、由大到小：先粗看一遍，了解工程概况、总体要求等，然后看每张图，熟悉柱网尺寸、平面布置、构件布置等，最后详细看每个构件的详图，熟悉做法。

（4）建施与结施结合、其他设备施工图参照看。各专业的施工图本来就是相互配合，紧密联系的，只有结合起来看，才能全面理解整套施工图。

2.2 识读步骤

识读施工图没有捷径可走，必须按部就班，系统阅读，相互参照，反复熟悉，才不致疏漏。

（1）看目录表，了解图纸的组成。

（2）看建施图，了解建筑外形、平面布置、内部构造等。

（3）看结施图，了解建筑物的基础、柱（墙）、梁、板等承重结构情况。

（4）看水施、电施、暖施等设备施工图，了解建筑给水排水、电气、暖通等设备方面的情况。

（5）结施与建施相结合，并参照设备施工图，从整体到局部，从局部到整体，系统看图。

（6）在上述读懂施工图的基础上，对施工图进行校核，找出图纸中“漏”、“碰”、“错”等问题，并提出有关建议。即对施工图中表达遗漏的内容提出补充建议；对存在的碰头、错误、不合理的或者无法施工的内容提出修改建议；对不能判断的疑难问题也要一一记录，最终形成图纸自审记录，待图纸会审时提交讨论解决。

XIANGMU

项目1

建筑施工图的识读

能力目标：会查阅有关建筑专业的规范条文，能正确识读建筑施工图，理解设计意图。

建筑施工图的基本知识

1.1 建筑施工图概述

建筑施工图：表示建筑物的总体布局、外部造型、内部布置、细部构造、内外装饰和施工要求的图样。

建筑施工图是用来作为施工定位放线、内外装饰做法的依据；同时建筑设计作为龙头专业，建筑施工图也是结构、水、电、暖通施工图的依据。

1.2 建筑施工图的组成

建筑施工图一般包括：建筑总平面图、图纸目录、建筑设计总说明、建筑节能、建筑平面图、建筑立面图、建筑剖面图、建筑详图。

施工内容如能用图形表达清楚的，一定要用图形表达；不适宜用图形表达的，则用文字表述。

1.3 常用建筑强制性条文

2002年8月，建设部颁发了2002年版《工程建设标准强制性条文》(以下简称《强制性条文》)。

《强制性条文》的内容，在现行国家和行业标准中，都是直接涉及到人民生命安全、人身健康、环境保护和其他公众利益，同时考虑了提高经济效益和社会效益等方面的要求。自2003年1月1日起，列入《强制性条文》的所有条文都必须严格执行，违反者将按照有关法规进行处罚。

本节介绍建筑专业中常用的强制性条文。

1.3.1 基地高程

基地地面高程应按城市规划确定的控制标高设计。

1.3.2 相邻基地边界线的建筑与空地

除城市规划确定的永久性空地外，紧接基地边界线的建筑不得向邻地方向设洞口、门窗、阳台、挑檐、废气排出口及排泄雨水。

1.3.3 不允许突入道路红线的建筑突出物

(1) 建筑物的台阶、平台、窗井。

（2）地下建筑及建筑基础。

（3）除基地内连接城市管线以外的其他地下管线。

1.3.4 地面排水

基地内应有排除地面及路面雨水至城市排水系统的设施。

1.3.5 楼梯

（1）供日常主要交通用的楼梯的梯段净宽应根据建筑物使用特征，一般按每股人流宽为0.55m+(0～0.15)m的人流股数确定，并不应少于2股人流。

（2）梯段改变方向时，平台扶手处的最小宽度不应小于梯段净宽。

（3）每个梯段的踏步一般不应超过18级，亦不应少于3级。

（4）楼梯平台上部及下部过道处的净高不应小于2.00m；且楼段净高不应小于2.20m。

（5）有儿童经常使用的楼梯的梯井净宽大于0.20m时，必须采取安全措施。

1.3.6 栏杆

凡阳台、外廊、室内回廊、内天井、上人屋面及室外楼梯等临空处应设置防护栏杆，并应符合下列规定：

（1）栏杆应以坚固、耐久的材料制作，并能承受荷载规范规定的水平荷载；

（2）栏杆高度不应小于1.05m，高层建筑的栏杆高度应再适当提高，但不宜超过1.20m；

（3）栏杆离地面或屋面0.10m高度内不应留空；

（4）有儿童活动的场所，栏杆应采用不易攀登的构造。

1.3.7 楼地面

存放食品、食料或药物等房间，其存放物有可能与地面直接接触者，严禁采用有毒性的塑料、涂料或水玻璃等做面层材料。

1.3.8 窗

窗台低于0.80m时，应采取防护措施。

1.3.9 建筑物内的公用厕所、盥洗室、浴室

（1）上述用房不应布置在餐厅、食品加工、食品贮存、配电及变电等有严格卫生要求或防潮要求用房的直接上层；

（2）楼地面、楼地面沟槽，管道穿楼板及楼板接墙面处应严密防水、防渗漏。

1.3.10 管道井

在安全、防火和卫生方面互有影响的管道不应敷设在同一竖井内。

1.3.11 烟道、通风道

排烟和通风不得使用同一管道系统。

单元2

建筑施工图的识读要点

识读建筑工程施工图第一步就是识读建筑施工图，建筑专业是整个建筑工程设计的龙头，没有建筑设计其他专业也就谈不上设计了，所以看懂建筑施工图就显得格外重要。看建施图，主要就是了解建筑外形、平面布置、内部构造等。

2.1 建筑总平面图

2.1.1 概述

建筑总平面图：主要表示整个建筑基地的总体布局，具体表达新建房屋的位置、朝向以及周围环境（原有建筑、交通道路、绿化、地形）基本情况的图样。

建筑总平面图是新建房屋定位、施工放线、布置施工现场的依据。

2.1.2 建筑总平面图的内容

建筑总平面图中一般包括以下内容：

(1) 场地四界、道路红线、建筑红线或用地界线的位置（主要测量坐标值或定位尺寸）。

道路红线：规划的城市道路路幅的边界线。

建筑红线：城市道路两侧控制沿街建筑物（如外墙、台阶等）靠临街面的界线。又称建筑控制线。

(2) 主要建筑物和构筑物的名称、层数、定位（坐标或相互关系尺寸）。

(3) 广场、停车场、运动场地、道路等的定位（坐标或相互关系尺寸）。

(4) 指北针或风玫瑰图。

(5) 注明设计依据、尺寸单位、比例、坐标及高程系统等。

(6) 技术经济指标：详见表 2-1。

2.1.3 建筑总平面图的图示特点

(1) 绘图比例较小：总平面图所要表示的地区范围较大，除新建房物外，还要包括原有房屋和道路、绿化等总体布局。因此，在《建筑制图标准》GB/T 50104—2001 中规定，总平面图的绘图比例应选用 1∶500、1∶1000、1∶2000，在具体工程中，由于国土局及有关单位提供的地形图比例常为 1∶500，故总平面图的常用绘图比例是 1∶500。

(2) 用图例表示其内容：由于总平面图绘图比例较小，图中的原有房屋、道路、绿化、桥梁边坡、围墙及新建房屋等均是用图例表示，《建筑制图标准》中列出了建筑总平面图的常用图例。在较复杂的总平面图中，如用了《建筑制图标准》中没有的图例，应在图纸中的适当位置绘出新增加的图例。

民用建筑主要技术经济指标表　　表 2-1

序号	名　称	单位	数量	备　注
1	总用地面积			
2	总建筑面积			地上、地下部分可分列
3	建筑基底面积			
4	道路广场总面积			含停车场面积并应注明停车泊位数量
5	绿地总面积			可加注公共绿地面积
6	容积率	%		(2)/(1)，此处(2)为地上部分
7	建筑密度	%		(3)/(1)
8	绿地率	%		(5)/(1)
9	小汽车停车泊位数	辆		室内、外应分列
10	自行车停放数量	辆		

（3）图中尺寸单位为“m”，注写到小数点后两位。

2.1.4 识读示例

建筑总平面图的识读步骤如下：

（1）查看图名、比例、图例及有关文字说明，了解用地功能和工程性质。

（2）查看总体布局和技术经济指标表，了解用地范围内建筑物和构筑物（新建、原有、拟建、拆除）、道路、场地和绿化等布置情况。

（3）查看新建工程，明确建筑类型、平面规模、层数。

（4）查看新建工程相邻的建筑、道路等周边环境，新建工程一般根据原有建筑或者道路来定位，查找新建工程的定位依据，明确新建工程的具体位置和定位尺寸。

（5）查看指北针或风向频率玫瑰图，可知该地区常年风向频率，明确新建工程的朝向。

（6）查看新建建筑底层室内地面、室外整平地面、道路的绝对标高，明确室内外地面高差，了解道路控制标高和坡度。

下面以浙江××有限公司新建厂区的建筑总平面图为例进行识读。

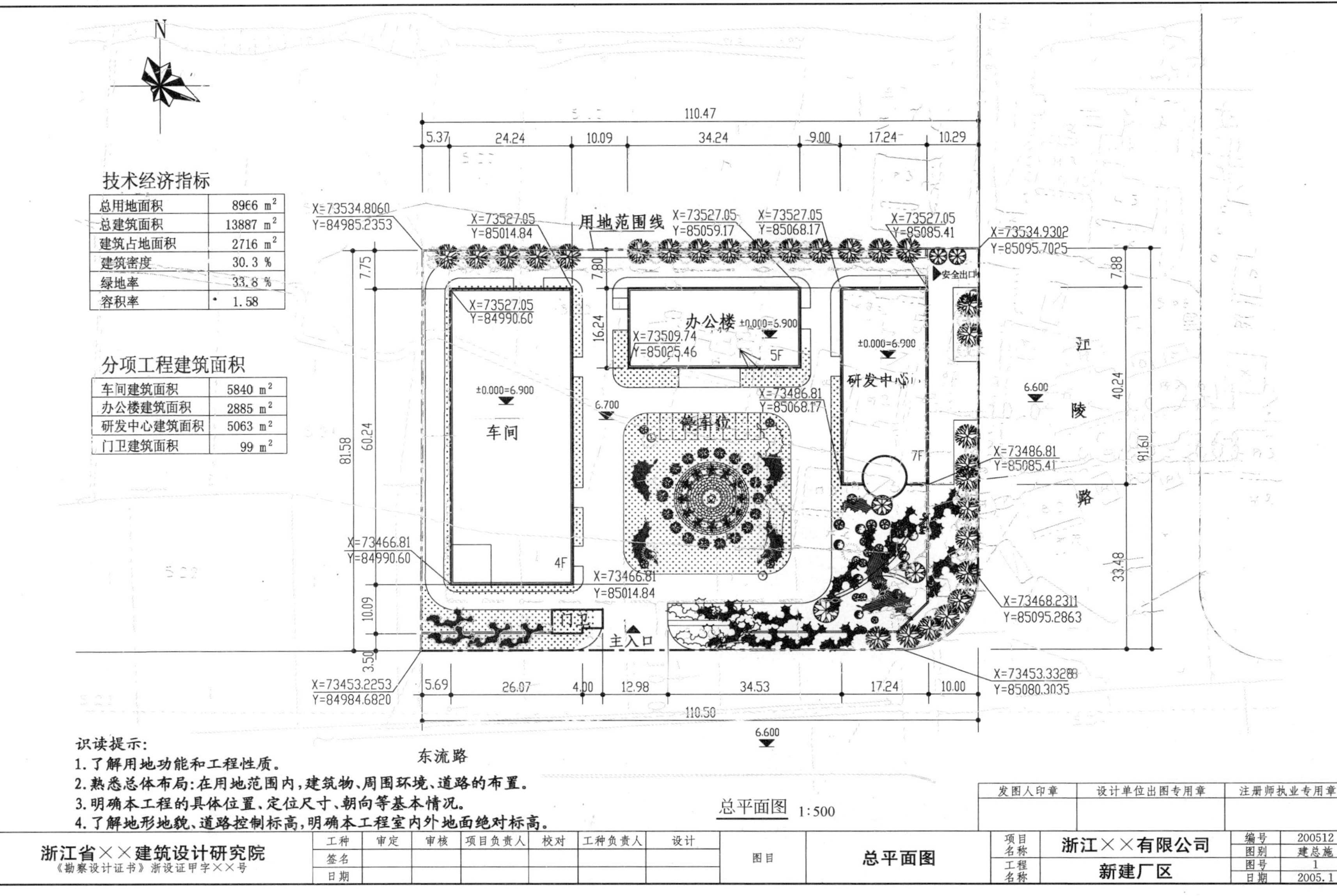

技术经济指标

总用地面积	8966 m^2
总建筑面积	13887 m^2
建筑占地面积	2716 m^2
建筑密度	30.3 %
绿地率	33.8 %
容积率	1.58

分项工程建筑面积

车间建筑面积	5840 m^2
办公楼建筑面积	2885 m^2
研发中心建筑面积	5063 m^2
门卫建筑面积	99 m^2

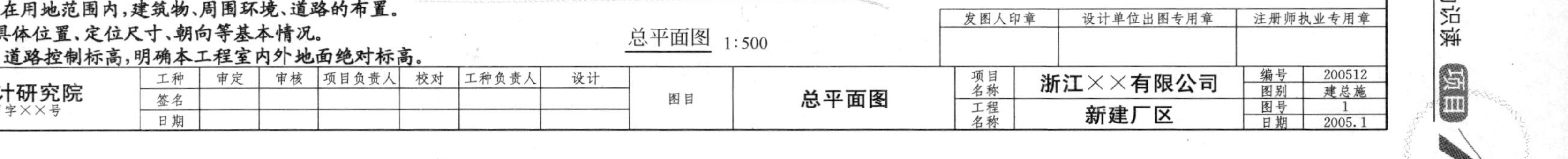

2.2 图纸目录

2.2.1 概述

图纸目录是了解整个建筑设计情况的目录，表明该工程图纸由哪些图纸组成，便于检索查找。

2.2.2 图纸目录的内容

图纸目录应包括每张图纸的编号、名称、大小等。

图纸目录先列新绘制图纸，后列选用的标准图或重复利用图。

2.2.3 识读示例

图纸目录的识读步骤如下：

(1) 看标题栏，了解工程名称、项目名称、设计日期等。

(2) 看图纸目录表内容，了解图纸编排顺序、图纸名称、图纸大小等。

(3) 核对图纸数量，如果图纸目录与实际图纸有出入，必须与设计单位核对情况。

下面以浙江××学院女生宿舍工程的建筑施工图图纸目录为例进行识读。

图 纸 目 录

第1页 共1页

工号 200515-7　　工程名称浙江××学院 女生宿舍

序号	图 号	图 名	图幅	备 注
1	建施-1	架空层平面图	A2	
2	建施-2	一层平面图	A2	
3	建施-3	二～五层平面图	A2	
4	建施-4	屋顶平面图	A2	
5	建施-5	南立面图	A2	
6	建施-6	北立面图	A2	
7	建施-7	东立面图、西立面图	A2	
8	建施-8	A—A 剖面图 DC1	A2	
9	建通施-1(1)	建筑设计总说明	A2	
10	建通施-1(2)	构造做法	A2	
11	建通施-1(3)	建筑节能设计 门窗表	A2	
12	建通施-2	节点详图(一)	A2	
13	建通施-3	节点详图(二)	A2	
14	建通施-6	2号楼梯平面详图	A2	
15	建通施-7	2号楼梯 1—1 剖面图 楼梯节点详图	A2	
说明	1. 本目录由工种负责人填写，以图号为序，每格填一张。 2. 如采用通施图，应在本表中列出。 3. 如利用标准图，可在备注栏内注明。			

项目负责人＿＿＿＿＿＿＿＿　　工种负责人＿＿＿＿＿＿＿＿

完成日期2005年1月

识读提示：

1. 了解工程名称、项目名称、设计日期。
2. 了解图纸组成，包括图纸编排顺序、名称、大小等。

2.3　建筑设计总说明

2.3.1　概述

建筑设计总说明：用文字的形式来表达工程概况和施工要求的图样。

建筑设计总说明所表达的内容都是带有全局性的，反映该工程的总体施工要求，对施工至关重要。

2.3.2　建筑设计总说明的内容

建筑设计总说明中一般包含以下内容：

（1）施工图设计的依据性文件、批文和相关规范。

（2）项目概况：一般应包括建筑名称、建设地点、建设单位、建筑面积、建筑基底面积、建筑工程等级、设计使用年限、建筑层数和建筑高度、防火设计建筑分类和耐火等级、人防工程防护等级、屋面防水等级、地下室防水等级、抗震设防烈度等。

（3）设计标高：本工程的相对标高与总图绝对标高的关系。

（4）建筑构造做法：一般包括用料说明和室内外装修。

1）墙体、墙身防潮层、地下室防水、屋面、外墙面、勒脚、散水、台阶、坡道、油漆、涂料等的材料和做法，可用文字说明或部分文字说明，部分直接在图上引注或加注索引号；

2）楼地面、踢脚板、墙裙、内墙面、顶棚、门厅、走廊等装修做法，除用文字说明外亦可用表格形式表达。

（5）门窗表：门窗尺寸、性能（防火、隔声、保温等）、用料、颜色，玻璃、五金件等的设计要求。

（6）建筑节能设计说明及节能材料做法。

（7）幕墙工程（包括玻璃、金属、石材等）及特殊的屋面工程（包括金属、玻璃、膜结构等）的性能及制作要求，预埋件安装图，防火、安全、隔声构造。

（8）电梯（自动扶梯）选择及性能说明（功能、载重量、速度、停站数、提升高度等）。

（9）人防工程：人防工程所在部位、防护等级、平战用途、防护面积、室内外出入口及排风口的布置。

（10）其他需要说明的问题，如对采用新技术、新材料的做法说明及对特殊建筑造型的说明。

2.3.3　建筑节能介绍

我国建筑用能已超过全国能源消费总量的1/4，并随着人民生活水平的提高逐步增加到1/3以上，建筑用能数量巨大，浪费严重。以公共建筑为例，全年年耗中，20%～30%用于照明，大约50%～60%消耗于空调制冷与采暖系统。而在空调采暖这部分能耗中，大约20%～50%由外围护结构传热所消耗。从目前分析，这类建筑在围护结构、采暖空调系统、照明方面，共有节约能源50%的潜力。

2002年8月颁布的《强制性条文》中纳入了有关居住建筑和公共建筑的节能标准，通过改善围护结构热工性能，提高空调采暖设备和照明设备效率，最终达到能耗降低50%的指标。

建筑节能设计主要是在围护结构方面进行节能设计，部位为：屋顶、外墙、窗、户门、分户墙、楼板、底层自然通风的架空楼板、天窗。

2.3.4 识读示例

由于地区和工程间的差异，建筑设计总说明的内容和编排顺序随具体工程而各有不同，但都是对建筑施工图纸的补充，很多文字说明恰恰是图样无法表达的内容。建筑设计总说明的内容必须逐条认真阅读，了解工程设计依据，熟悉工程概况，掌握建筑用料、室内外装修、门窗明细、建筑节能等要求，并结合后面建施图的识读加以全面理解。

下面以浙江××学院女生宿舍工程的建筑设计总说明为例进行识读。

建筑设计总说明

一、设计依据

1. 建设单位有关本项目的设计方案招标任务书及方案调整修改要求。
2. 杭州市××区发展计划局文件，××计（2005）209号（关于浙江××学院工程项目的批复）。
3. 杭州市××区规划管理处关于本地块规划设计条件通知书"××规条（2005）12号"及相关红线图。
4. 杭州市××区建设局审核通过的本项目规划设计方案。
5. 本工程根据国家颁布的有关现行规范、规程及省、市有关标准规定进行设计。

二、工程概况

1. 本工程单体在用地范围内的位置见总平面图，本工程标高±0.000相当于黄海高程8.500。
2. 本工程为多层宿舍建筑，建筑类别为三类，耐火等级为二级。
3. 本工程房屋总高度为19.15m。
4. 抗震设防烈度为6度，有关抗震构造要求见结施说明。

三、综合说明

1. 本工程设计图纸所注尺寸总平面图以"m"为单位，建施图尺寸以"mm"为单位，标高以"m"为单位。
2. 除图中注明外，台阶地面低于相应楼地面20mm，厕所、阳台等积水楼地面低于相应楼地面30mm。
3. 本图纸中细部节点以详图为准，比例与尺寸以尺寸为准。
4. 本工程采用材料规格及施工要求等除注明者外，其余均按现行建筑安装工程施工及验收规范执行。
5. 本工程各工种图纸应相互配合施工，如发现矛盾应及时与设计人员联系解决。
6. 土建施工中水、暖、电等预留管线和预埋铁件等必须事先预埋，同步进行。各设备专业的预留洞未经设计单位许可，不得事后凿洞，以确保工程质量。
7. 男生宿舍建筑面积为3200m²，女生宿舍建筑面积为2505m²。

四、统一措施

1. 屋面：(1) 图上所示屋面标高（除注明外）系指结构屋面标高。
   (2) 凡钢筋混凝土基层，若采用材料找坡，坡度i=2%。
2. 平面：(1) 门垛尺寸除注明外均为120mm，凡居开间中设置门或洞口在平面图中不再注明定位尺寸。
   (2) 凡有积水楼地面，如卫生间、阳台等均应向地漏找坡，坡度0.5%。
3. 墙体：(1) 柱面和门洞的阳角一律用1：2水泥砂浆粉刷做护角线，高度2100mm每侧宽度为60mm。
   (2) 门窗洞口靠柱边的墙垛尺寸小于240mm者均用C20素混凝土整体浇捣成型。
   (3) 凡卫生间四周墙脚均做200mm高素混凝土翻边，遇门断开。
   (4) 墙体除注明者外余均为240mm厚，轴线居墙中。
   (5) 无地下室部分墙体须在标高－0.060处做防潮层，做法为20mm厚1：2水泥砂浆掺5%防水剂。
   (6) 本工程各楼外墙装饰线脚做法应与主体外墙一次浇捣成型后粉平。
4. 粉刷：外墙窗侧面、女儿墙顶面均应同墙面同质，窗顶、檐口、雨篷等挑出墙面部分均应做滴水线（成品塑料嵌条）。
5. 排水：(1) 屋面雨水管均为ϕ75UPVC硬塑管（乳白色），雨篷泄水管均为ϕ50UPVC硬塑管，外伸100mm。
   (2) 屋面雨水口加球形铸铁罩，平面卫生间布置详水施图。
6. 门窗：(1) 门窗洞口尺寸及分格详建施图，制作时以实际尺寸为准，安装位置除注明者外，一般木门与开启方向墙面平，塑钢窗均居墙中。门窗装修五金零件，均应按预算定额配齐。
   (2) 阳台塑钢门玻璃为6+5+6厚中空钢化玻璃，窗用6+5+6厚普通中空玻璃。所有塑钢窗均选用77系列，塑钢门均选用95系列，做法应参考省标99浙J7。
   (3) 窗均带纱，底层窗设防盗栅（甲方自理）。
7. 油漆：(1) 硬木扶手为本色亚光漆一底二度，铸铁栏杆做防锈漆二度，墨绿油漆二度，花饰栏杆由装修另定。
   (2) 凡露明铁件均应刷红丹防锈漆二度底，铁件涂与墙同色调合漆，钢门涂墨绿色调合漆。
   (3) 凡与砖（混凝土）接触的木材表面均刷二道防腐漆。
   (4) 外墙水落管面色同各楼墙体色彩。
8. 装修要求：本工程外装修采用的材料及色彩应先做样板，经设计、建设、施工三方共同协商确定后方可施工。
9. 其他：(1) 预留ϕ75UPVC空调洞，底距地高度2100mm。
   (2) 车库门采用电动静音卷板钢门，浅灰色。
10. 环境设计：本工程室外绿化环境由甲方委托进行专项环境设计。

发图人印章	设计单位出图专用章	注册师执业专用章

浙江省××建筑设计研究院 《勘察设计证书》浙设证甲字××号	工种	审定	审核	项目负责人	校对	工种负责人	设计	图目	建筑设计总说明	项目名称	浙江××学院	编号	200515
	签名											图别	建通施
										工程名称	女生宿舍	图号	1 (1)
	日期											日期	2005.1

楼面、地面做法表（由上而下）

编号	工程名称	做法说明	适用部位
地 1	细石混凝土地面	100 厚 C20 细石混凝土加纯水泥砂浆面层(随捣随抹平)	地面
		100 厚 C15 混凝土垫层	
		80 厚碎石压实	
		素土夯实	
楼 1	水泥砂浆楼面	15 厚 1∶2 水泥砂浆找平层	卫生间楼面
		防水涂料防水层，周边上翻 200	
		20 厚 1∶3 水泥砂浆找平层	
		素水泥浆结合层	
		现浇钢筋混凝土板	
楼 2	细石混凝土楼面	30 厚 C20 细石混凝土随捣随抹	其余楼面
		纯水泥浆一道	
		现浇钢筋混凝土板	

顶棚装修表（由内至外）

编号	工程名称	做法说明	适用部位
棚 1	纸筋灰粉刷	7 厚 1∶1∶6 水泥石灰砂浆加麻刀抹平	楼梯间
		3 厚细纸筋灰抹光	
		白色内墙涂料二度	
棚 2	水泥砂浆粉刷	7 厚 1∶3 水泥砂浆打底	阳台、雨篷、檐沟底
		3 厚 1∶2 水泥砂浆粉刷	
		白色外墙涂料二度	
棚 3	纸筋灰粉刷	钢筋混凝土板底刷纯水泥浆一道	其余房间顶棚
		15 厚聚苯颗粒保温砂浆	
		3 厚抗裂砂浆(网格布)	

墙裙、踢脚做法表（由内至外）

编号	工程名称	做法说明	适用部位
裙 1	水泥砂浆墙裙	10 厚 1∶3 水泥砂浆底	车库、杂物间
		10 厚 1∶2 水泥砂浆粉面	
		900 高暗墙裙	
踢 1	水泥砂浆踢脚	10 厚 1∶3 水泥砂浆底	房间、楼梯间
		10 厚 1∶2 水泥砂浆粉面	
		150 高暗踢脚	

内、外墙面做法表（由内至外）

编号	工程名称	做法说明	适用部位
内 1	水泥砂浆墙面	12 厚 1∶3 水泥砂浆底	卫生间
		8 厚 1∶2 水泥砂浆刮糙抹平	
内 2	涂料墙面	14 厚 1∶1∶6 水泥石灰砂浆分层抹平	车库
		6 厚 1∶1∶6 水泥石灰砂浆光面	
		白色涂料一底二度	
内 3	混合砂浆墙面	14 厚 1∶1∶6 水泥石灰砂浆分层抹平	其余内墙面
		6 厚 1∶1∶6 水泥石灰砂浆光面	
外 1	外墙涂料面	12 厚 1∶3 水泥砂浆打底(混凝土面刷界面剂 CTA-400)	外墙面见立面
		30 厚聚苯颗粒保温浆料	
		3 厚抗裂砂浆(网格布)，弹性底漆，柔性腻子	
		外墙涂料一底二度	
外 2	面砖墙面	12 厚 1∶3 水泥砂浆打底	外墙面见立面
		30 厚聚苯颗粒保温砂浆，带镀锌钢丝网片	
		成品塑料锚固件	
		5 厚抗裂砂浆(网格布)	
		(专用粘合剂粘贴)面砖颜色，规格见立面	
外 3	外墙涂料面	12 厚 1∶3 水泥砂浆打底	阳台外立面柱、檐沟外立面
		8 厚 1∶2 水泥砂浆(掺水泥重量 6%的 VC 防水剂II型)	
		外墙涂料一底二度，颜色见立面	

屋面防水做法表（由上而下）

编号	工程名称	做法说明	适用部位
屋 1	非上人屋面	3 厚 JW-APP 改性沥青防水卷材(带铝箔)	平屋面
		20 厚 1∶3 水泥砂浆找平层	
		40 厚挤塑聚苯板保温层	
		20 厚 1∶3 水泥砂浆找平层	
		轻骨料混凝土 2%找坡，最薄 80 厚，冷底子油二度隔汽	
		现浇钢筋混凝土板，表面 1∶3 水泥砂浆抹平	
屋 2	檐沟面 雨篷面	3 厚 JW-APP 改性沥青防水卷材(带铝箔)	檐沟、雨篷
		20 厚 1∶3 水泥砂浆找平层	
		现浇钢筋混凝土板	

发图人印章	设计单位出图专用章	注册师执业专用章

浙江省××建筑设计研究院《勘察设计证书》浙设证甲字××号	工种	审定	审核	项目负责人	校对	工种负责人	设计	图目	构造做法	项目名称	浙江××学院	编号	200515
	签名											图别	建通施
	日期									工程名称	女生宿舍	图号	1 (2)
												日期	2005.1

建筑节能设计说明

一、设计依据

1. 行业标准《夏热冬冷地区居住建筑节能设计标准》(JGJ 134—2001)。
2. 浙江省标准《居住建筑节能设计标准》(DB 33/1015—2003)。

二、节能技术措施

具体详节能设计表。

三、门窗节能

1. 外窗及阳台门的气密性等级，应不低于现行国家标准《建筑外窗气密性分级及其检测方法》(GB/T 7017—2002) 规定。
2. 架空层、一～五层门窗气密性等级均为 3 级

浙江省居住建筑节能表

工程名称：浙江××学院・女生宿舍　结构类型：框架结构　层数：五层
建筑面积：2505m²　体型系数：0.26

部位		传热系数限值 K [W/(m²・K)] 2.5≤D<3	D≥3	热惰性指标 D	平均窗墙面积比	节能做法的传热系数 K（平均）	保温材料、构造做法、图集索引及编号	备注
平屋顶		0.80	1.00	3.14		0.79	DB 33/1015-2003 (1a/41)	
外墙	南	1.00	1.50	4.13		1.09	DB 33/1015-2003 (8a/21)	
	北	1.00	1.50	4.13		1.04	DB 33/1015-2003 (8a/21)	
	东	1.00	1.50	4.13		0.99	DB 33/1015-2003 (8a/21)	
	西	1.00	1.50	4.13		0.99	DB 33/1015-2003 (8a/21)	
窗（含阳台透明部分）	南　偏东 30°至偏西 30°	4.70			0.30	2.70	单框普通中空玻璃窗	
	北　偏东 60°至偏西 60°	4.70			0.13	2.70	单框普通中空玻璃窗	
	东　偏南 30°至偏北 30°	4.70			0.08	2.70	单框普通中空玻璃窗	
	西　偏南 30°至偏西 30°	4.70			0.00	2.70	单框普通中空玻璃窗	
户门		3.00		/		1.50	多功能防盗门	
分户墙		2.00		/		1.47		
楼板		2.00		/		1.93	DB 33/1015-2003 (2/46)	
底层自然通风的架空楼板								
天窗								无

识读提示：

1. **熟悉本工程的项目概况。**
2. **掌握本工程的相对标高与绝对标高的关系。**
3. **掌握本工程的材料和装修情况。**
4. **熟悉本工程各围护结构部分的节能做法。**

门　窗　表

名称	设计编号	洞口尺寸(mm) 宽度×高度	数量 架空层	1层	2层	3层	4层	5层	合计	采用标准图集号	备注
门	GM0927	900×2700		9	9	9	9	9	45		定制钢门
	19M0921	900×2100		1	1	1	1	1	5	浙 J2-93	胶合门
	16M0918	900×1800	1						1	浙 J2-93	胶合门
	16M0921	900×2100	2						2	浙 J2-93	胶合门
	16M1518	1500×1800	1						1	浙 J2-93	胶合门
	TLM1524	1500×2400		9	9	9	9	9	45	参 99 浙 J5	塑钢普通中空玻璃推拉门
	M1	600×1500	7	7	8	7	8	7	44	浙 J4-93	胶合门
	M2	1200×2100	1		1				2	浙 J4-93	胶合门
	JLM1		5						5	98 浙 J30	电动静音卷帘门
	DM1824	1800×2400	2						2	参 99 浙 J7	无框不锈钢中空玻璃弹簧门
窗	TSC1518A	1500×1800		1	1	1	1	1	5	参 99 浙 J5	塑钢普通中空玻璃推拉窗
	TSC2418A	2400×1800		2	2	2	2	2	10	参 99 浙 J5	塑钢普通中空玻璃推拉窗
	TSC1806A	1800×600	10						10	参 99 浙 J5	塑钢普通中空玻璃推拉窗
	TSC2406A	2400×600	2						2	参 99 浙 J5	塑钢普通中空玻璃推拉窗
	TSC1506A	1500×600	1						1	参 99 浙 J5	塑钢普通中空玻璃推拉窗
	TSC1812A	1800×1200	6						6	参 99 浙 J5	塑钢普通中空玻璃推拉窗
	DC1	900×1200		1					1	建施 7	塑钢普通中空玻璃推拉窗

发图人印章	设计单位出图专用章	注册师执业专用章

浙江省××建筑设计研究院《勘察设计证书》浙设证甲字××号	工种	审定	审核	项目负责人	校对	工种负责人	设计	图目	建筑节能设计 门窗表	项目名称	浙江××学院	编号	200515
	签名									工程名称	女生宿舍	图别	建通施
	日期											图号	1 (3)
												日期	2005.1

2.4 建筑平面图

2.4.1 概述

建筑平面图：假设用一水平面把一栋建筑物的窗台以上部分平切掉，切面以下部分的水平投影图。

建筑平面图是建筑物的水平剖面图，主要用来表示房屋的平面布置情况，应包括被剖切到的断面、可见的建筑构造及必要的尺寸、标高等。

在施工过程中，建筑平面图是进行放线、砌墙、安装门窗等工作的依据。

2.4.2 建筑平面图的内容

建筑平面图通常以层次来命名，如底层平面图、二层平面图、三层平面图等。

屋顶平面图是建筑物顶部按俯视方向在水平投影面上所得到的正投影图。局部平面图可以用于表示两层以上合用平面图中局部不同处，也可用来将平面图中局部以较大的比例另行绘出，如卫生间平面布置图。

建筑平面图表达的内容：

(1) 墙、柱及其定位轴线和轴线编号，门窗位置、编号，门的开启方向，注明房间名称或编号。

(2) 三道标注尺寸：轴线总尺寸（或外包总尺寸）；轴线间尺寸（柱距和跨度）；墙、柱、门窗洞口尺寸及其与轴线关系尺寸。

(3) 楼梯、电梯位置和楼梯上下方向示意及编号索引。

(4) 主要建筑设备和固定家具的位置及相关做法索引，如卫生器具、雨水管、水池、台、橱、柜、隔断等。

(5) 主要建筑构造部件的位置、尺寸和做法索引，如阳台、雨篷、台阶、坡道、散水、中庭、天窗、地沟、上人孔等。

(6) 楼地面预留孔洞和通气管道、管线竖井等位置、尺寸和做法索引，以及墙体预留洞的位置、尺寸与标高或高度等。

(7) 变形缝位置、尺寸及做法索引。

(8) 室外地面标高、底层地面标高、各楼层标高、地下室各层标高。

(9) 指北针、剖切线位置及编号（画在底层平面）。

(10) 屋顶平面应有女儿墙、檐沟、坡度、坡向、雨水口、屋脊（分水线）、变形缝、屋面上人孔及突出屋面的楼梯间、电梯间，以及其他构筑物。

2.4.3 识读示例

建筑平面图比较直观，主要反映了柱网、墙体、门窗、楼梯布置及房间功能等。建筑平面图的识读应按照先浅后深、先粗后细的方法。先粗看，这只是对建筑概况的了解阶段，只需大致了解各层平面布局、房间功能等，再细看，深入了解建筑平面布置情况，识读步骤如下：

(1) 底层平面图

1）查看图名、比例及指北针，确定建筑物朝向。

2）阅读轴网，了解总尺寸、柱网、结构形式。

3）查看平面功能布置，明确房间功能及布局、交通疏散情况如走廊、楼梯间、电梯间等布置。

4）查看墙体及门窗布置情况，进一步熟悉平面布局。

5）查看细部构造，熟悉台阶、散水、管道井等布置及定位。

6）查看室内外相对标高，并与建筑总平面图的绝对标高及建筑设计总说明中的标高说明对照。

7）查看剖切位置，以备建筑剖面图的识读。

（2）标准层平面图

1）查看图名、比例。

2）阅读轴网，了解总尺寸、柱网、结构形式。

3）逐层查看房间功能、交通疏散、墙体、门窗等布置情况，并结合上下楼层，认清各层建筑功能、垂直交通布置间的相互对应关系。

4）查看细部构造，熟悉雨篷、管道井、预留孔洞等布置及定位。

5）查看各楼层标注的相对标高，明确同层楼面标高有无高差，并可了解层高。

6）因功能、造型等因素，建筑顶层可能与下面楼层的布局差别较大，如屋顶花园、大空间会议室等，结构形式会有所不同，因此识读顶层平面图需要特别注意。

（3）屋顶平面图

1）查看图名、比例。

2）查看屋顶平面排水情况：屋面坡度、排水方向、檐沟位置、雨水管位置及数量。值得一提的是，屋面找坡有建筑找坡和结构找坡两种形式，需要结合后面的建筑详图了解清楚。

3）查看出屋面楼梯间、电梯间、水箱等位置。

4）查看屋顶平面的上人孔、通风道等预留孔洞位置。

5）查看屋顶平面变形缝、排气口、檐沟、女儿墙等构造节点位置及索引符号，需结合索引的标准图集和建筑详图才能明确构造做法。

6）查看屋面平面标高，注意屋顶标高一般指结构面标高。

7）查看出屋面的构架等布置情况。为了追求更好的建筑效果，通常屋顶平面都设置有比较复杂的构架，需结合后面的建筑立面图仔细理解，必要时可结合效果图识读。

（4）地下室平面图

当建筑物有地下室时，地下室平面图的识读需要对照底层平面图，了解地下室与上部建筑在建筑功能、垂直交通等方面的对应关系。地下室可能仅作为车库使用，或者作为底层平面功能空间向下的延伸，如展厅、商场等，也可能是人防地下室，人防地下室一般分平时车库和战时人防地下室两种功能。这两种功能平面布局相差很大，需要特别注意并识读清楚。

下面以浙江××学院女生宿舍工程的建筑平面图为例进行识读。

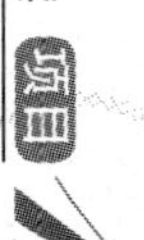

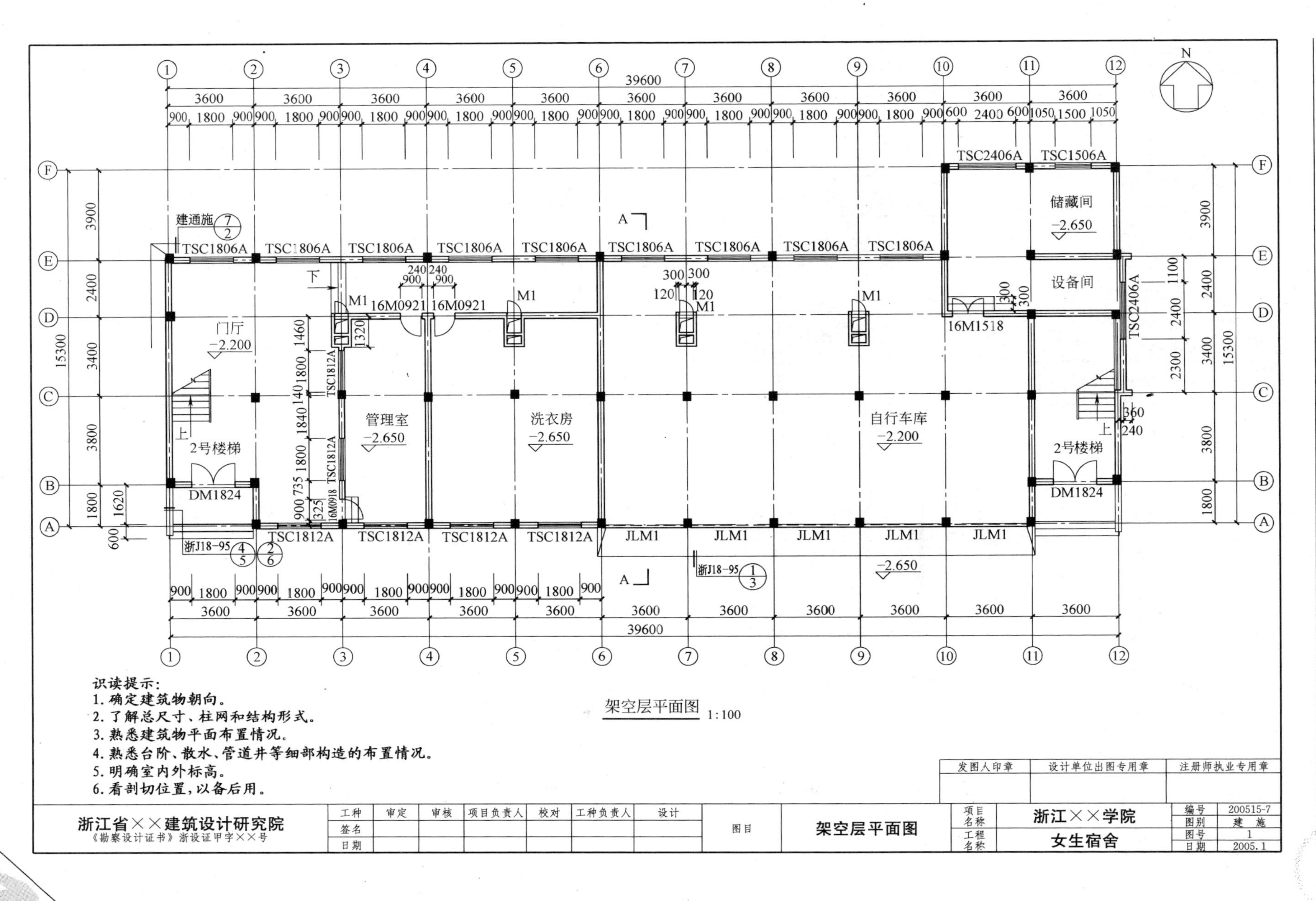

N
储藏间
−2.650
设备间
门厅
−2.200
2号楼梯
DM1824
管理室
−2.650
洗衣房
−2.650
自行车库
−2.200
TSC1806A
TSC1812A
TSC2406A
TSC1506A
16M0921
16M1518
16M0918
M1
JLM1
建通施
浙J18−95
39600
15300
架空层平面图 1:100
识读提示：
1. 确定建筑物朝向。
2. 了解总尺寸、柱网和结构形式。
3. 熟悉建筑物平面布置情况。
4. 熟悉台阶、散水、管道井等细部构造的布置情况。
5. 明确室内外标高。
6. 看剖切位置，以备后用。
发图人印章
设计单位出图专用章
注册师执业专用章
浙江省××建筑设计研究院
《勘察设计证书》浙设证甲字××号
工种
签名
日期
审定
审核
项目负责人
校对
工种负责人
设计
图目
架空层平面图
项目名称
浙江××学院
工程名称
女生宿舍
编号 200515-7
图别 建施
图号 1
日期 2005.1

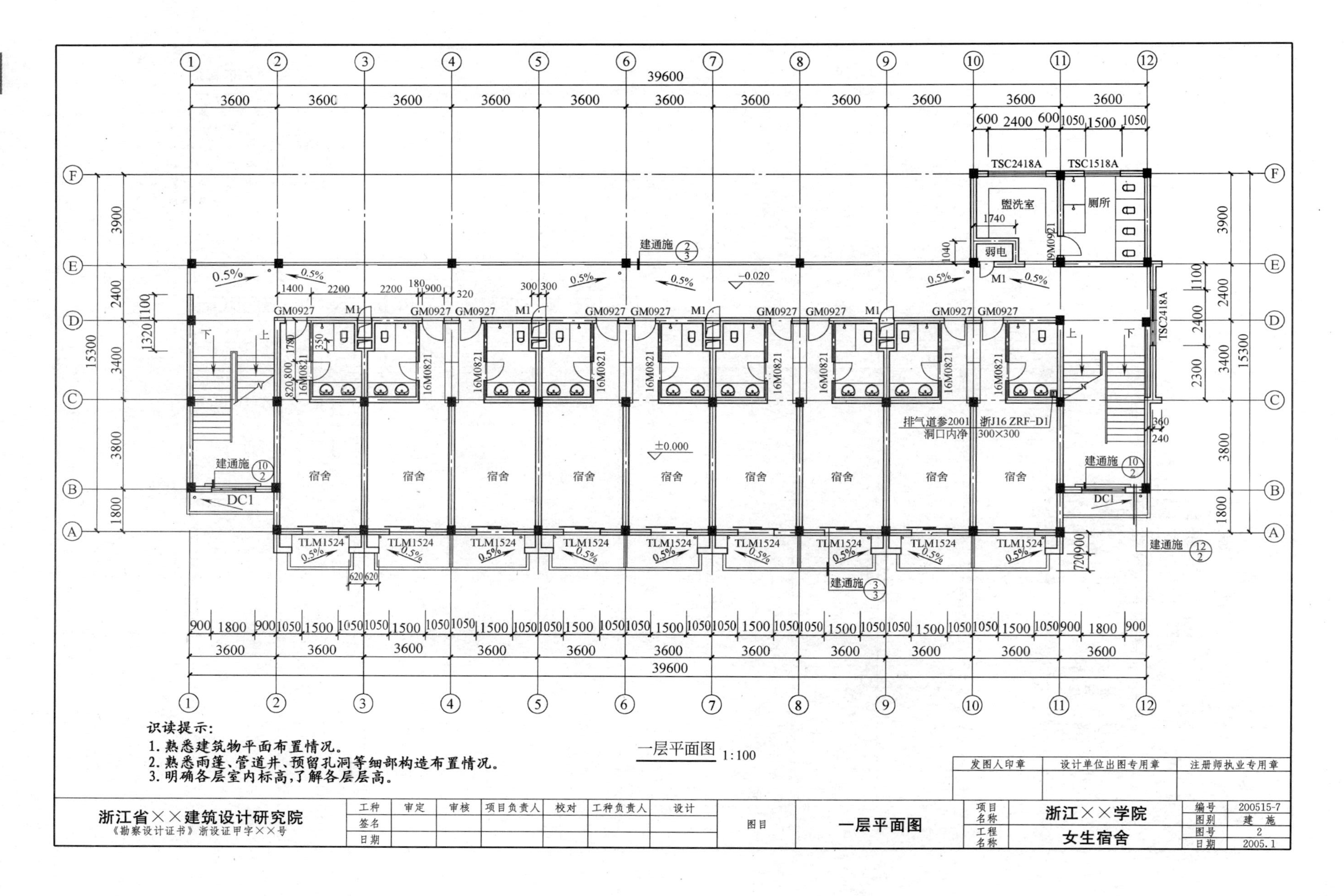

39600
3600
600 2400 600 1050 1500 1050
TSC2418A
TSC1518A
盥洗室
厕所
1740
弱电
19M0921
M1
建通施 2/3
0.5%
-0.020
±0.000
GM0927
16M0821
宿舍
排气道参2001 浙J16 ZRF-D1
洞口内净 300×300
TLM1524
DC1
建通施 10/2
建通施 12/2
建通施 3/3
上
下
3900
2400
3400
3800
1800
15300
1100
2300
1320
1040
360
240
620
720
900
识读提示：
1. 熟悉建筑物平面布置情况。
2. 熟悉雨篷、管道井、预留孔洞等细部构造布置情况。
3. 明确各层室内标高，了解各层层高。
一层平面图 1:100
发图人印章
设计单位出图专用章
注册师执业专用章
浙江省××建筑设计研究院
《勘察设计证书》浙设证甲字××号
工种
审定
审核
项目负责人
校对
工种负责人
设计
签名
日期
图目
一层平面图
项目名称
浙江××学院
工程名称
女生宿舍
编号 200515-7
图别 建施
图号 2
日期 2005.1

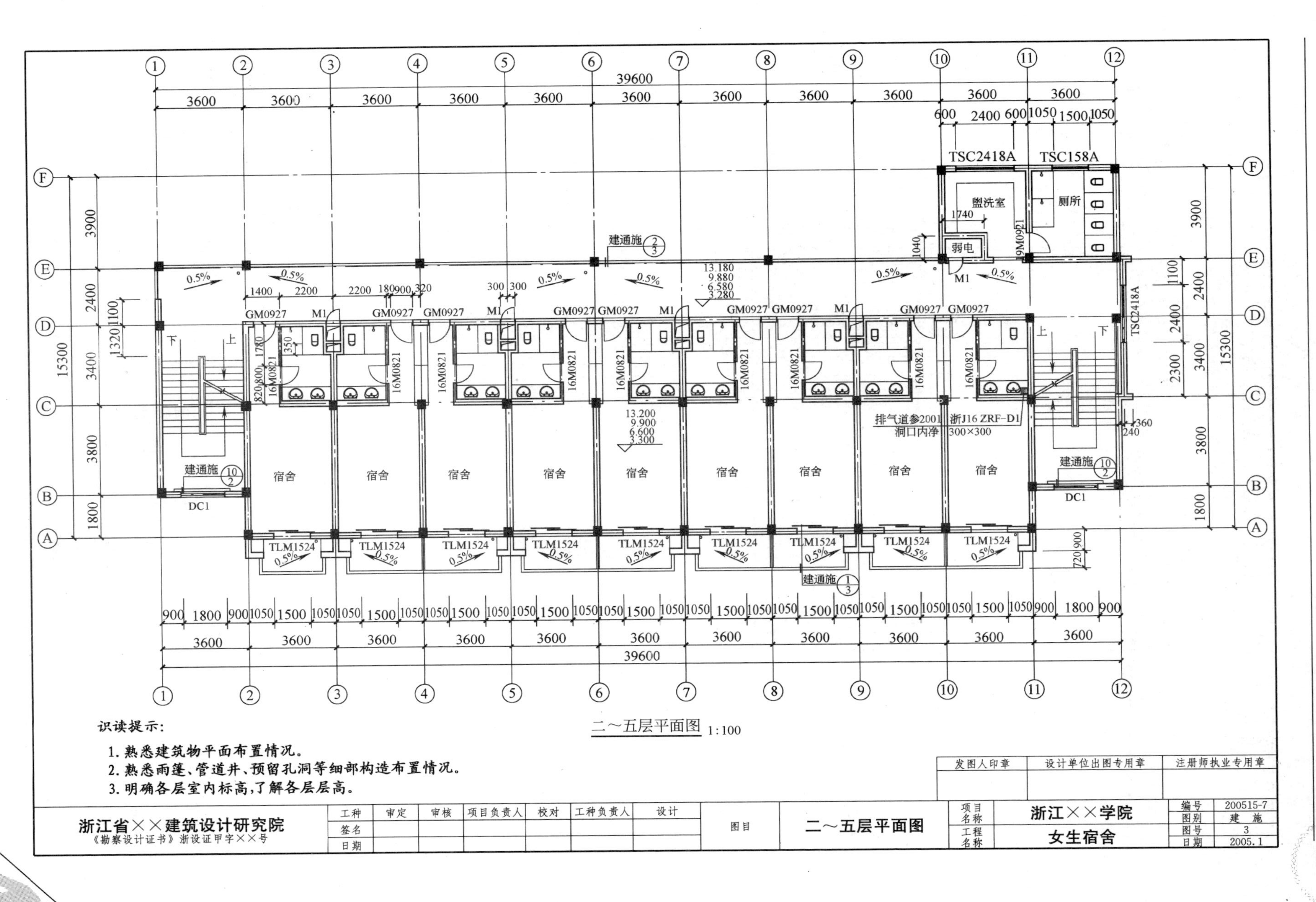
宿舍
厕所
盥洗室
弱电
TSC158A
TSC2418A
TLM1524
GM0927
16M0821
9M0921
M1
DC1
建通施
排气道参2001 浙J16 ZRF-D1
洞口内净 300×300
39600
15300
识读提示：
1. 熟悉建筑物平面布置情况。
2. 熟悉雨篷、管道井、预留孔洞等细部构造布置情况。
3. 明确各层室内标高，了解各层层高。
浙江省××建筑设计研究院
《勘察设计证书》浙设证甲字××号
二～五层平面图
浙江××学院
女生宿舍
编号 200515-7
图别 建施
图号 3
日期 2005.1

二～五层平面图 1:100

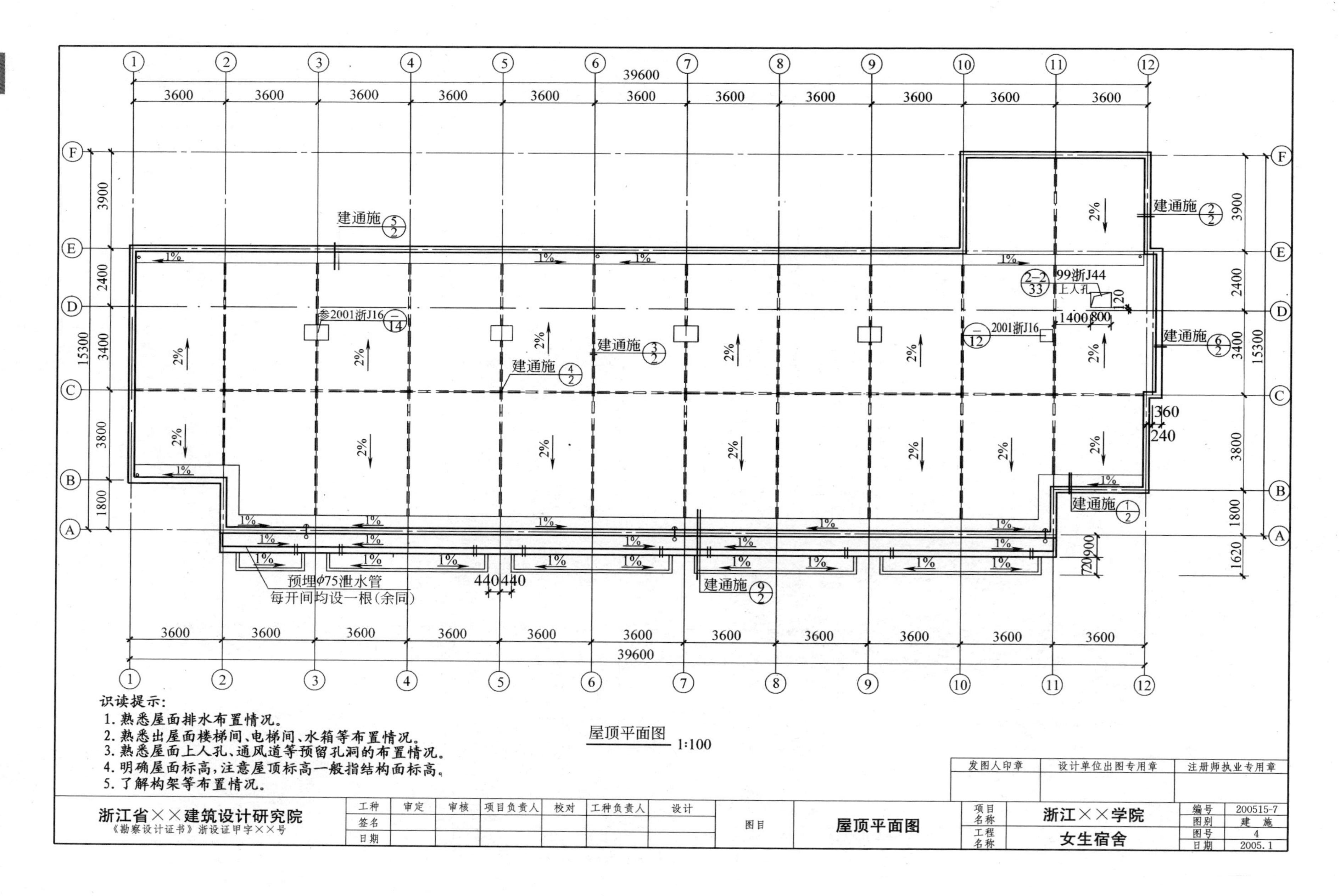

39600
3600
建通施 5/2
建通施 2/2
99浙J44
上人孔
2—2/33
参2001浙J16 —/14
2001浙J16 —/12
建通施 3/2
建通施 4/2
建通施 6/2
建通施 1/2
建通施 9/2
1400
800
120
360
240
2%
1%
预埋φ75泄水管
每开间均设一根(余同)
440
440
720
900
15300
3900
2400
3400
3800
1800
1620
识读提示:
1. 熟悉屋面排水布置情况。
2. 熟悉出屋面楼梯间、电梯间、水箱等布置情况。
3. 熟悉屋面上人孔、通风道等预留孔洞的布置情况。
4. 明确屋面标高,注意屋顶标高一般指结构面标高。
5. 了解构架等布置情况。
屋顶平面图 1:100
发图人印章
设计单位出图专用章
注册师执业专用章
浙江省××建筑设计研究院
《勘察设计证书》浙设证甲字××号
工种
审定
审核
项目负责人
校对
工种负责人
设计
签名
日期
图目
屋顶平面图
项目名称
浙江××学院
工程名称
女生宿舍
编号 200515-7
图别 建 施
图号 4
日期 2005.1

2.5 建筑立面图

2.5.1 概述

在与建筑物立面平行的投影面上所作的正投影图，就是建筑立面图。

建筑立面图主要用于表示建筑物的体形和外貌，表示立面各部分配件的形状及相互关系，表示立面装饰要求及构造做法等。

2.5.2 建筑立面图的内容

建筑立面图一般应包含以下内容：

(1) 两端轴线编号。

(2) 立面外轮廓及主要建筑构造部件的位置：如门窗、阳台、雨篷、栏杆、台阶、勒脚、女儿墙顶、檐口、雨水管。

(3) 主要建筑装饰构件、线脚和粉刷分格线等。

(4) 主要标高的标注：如室外地面、窗台、门窗顶、檐口、屋顶、女儿墙及其他装饰构件、线脚等的标高或高度。

(5) 在平面图上表达不清的窗编号。

(6) 外立面装饰做法。

2.5.3 识读示例

建筑立面图的识读步骤如下：

(1) 查看图名、比例，了解立面图的观察方位。

(2) 熟悉建筑立面外形。

(3) 查看各立面上的建筑构造部件，如门窗、檐口、阳台、台阶等，需要结合建筑平面图对照识读，熟悉构造部件的形状及布置情况。

(4) 查看各立面上的建筑装饰构件，如勒脚、线脚、粉刷分格线等布置情况，需要结合建筑详图识读，才能明确构造做法。

(5) 查看建筑立面各部位标高，明确主要建筑构件的标高情况，了解建筑物总高度。

(6) 阅读建筑各外立面的装饰要求说明，熟悉外立面装饰材料、色彩等做法。

下面以浙江××学院女生宿舍工程的建筑立面图为例进行识读。

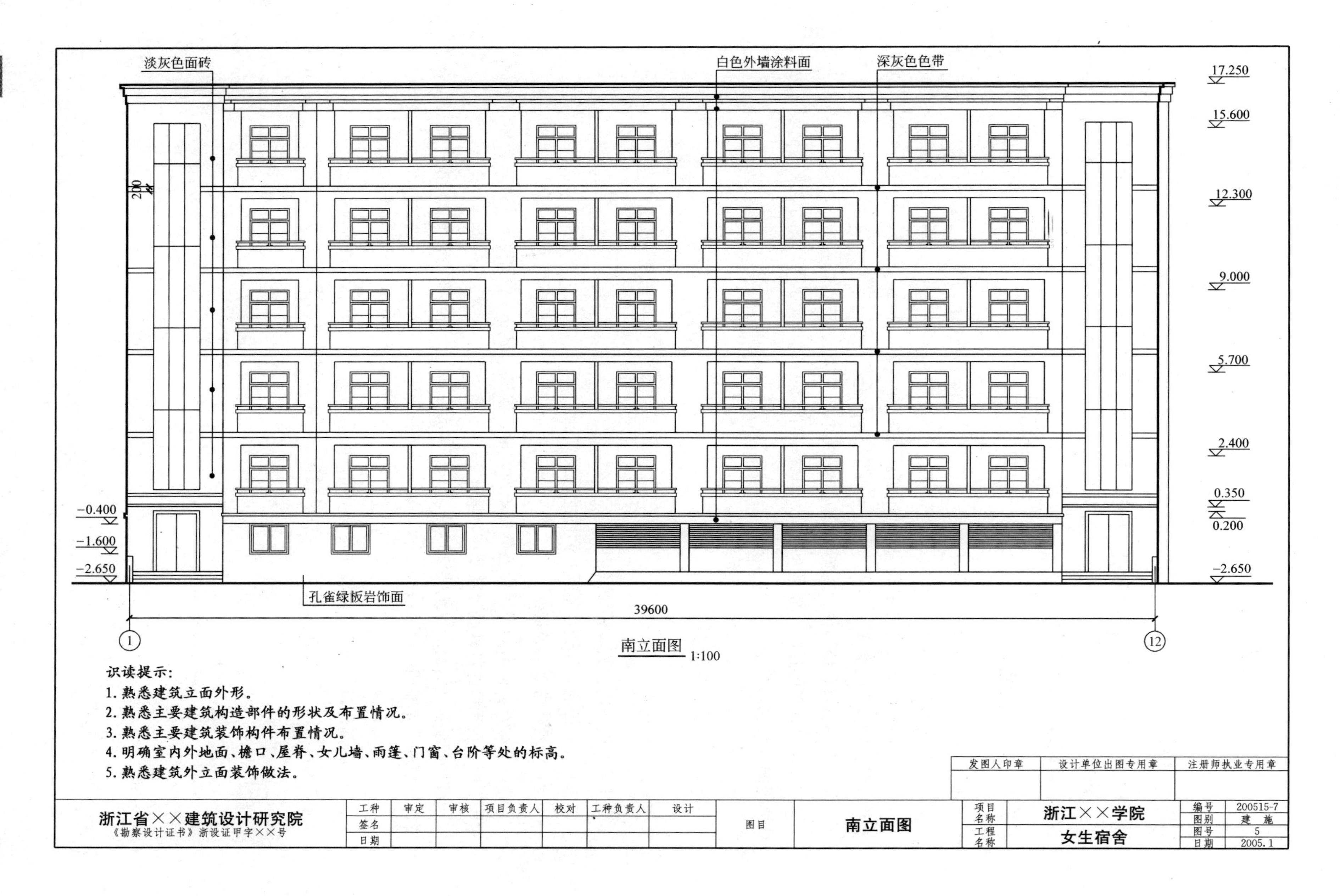

识读提示：

1. 熟悉建筑立面外形。
2. 熟悉主要建筑构造部件的形状及布置情况。
3. 熟悉主要建筑装饰构件布置情况。
4. 明确室内外地面、檐口、屋脊、女儿墙、雨篷、门窗、台阶等处的标高。
5. 熟悉建筑外立面装饰做法。

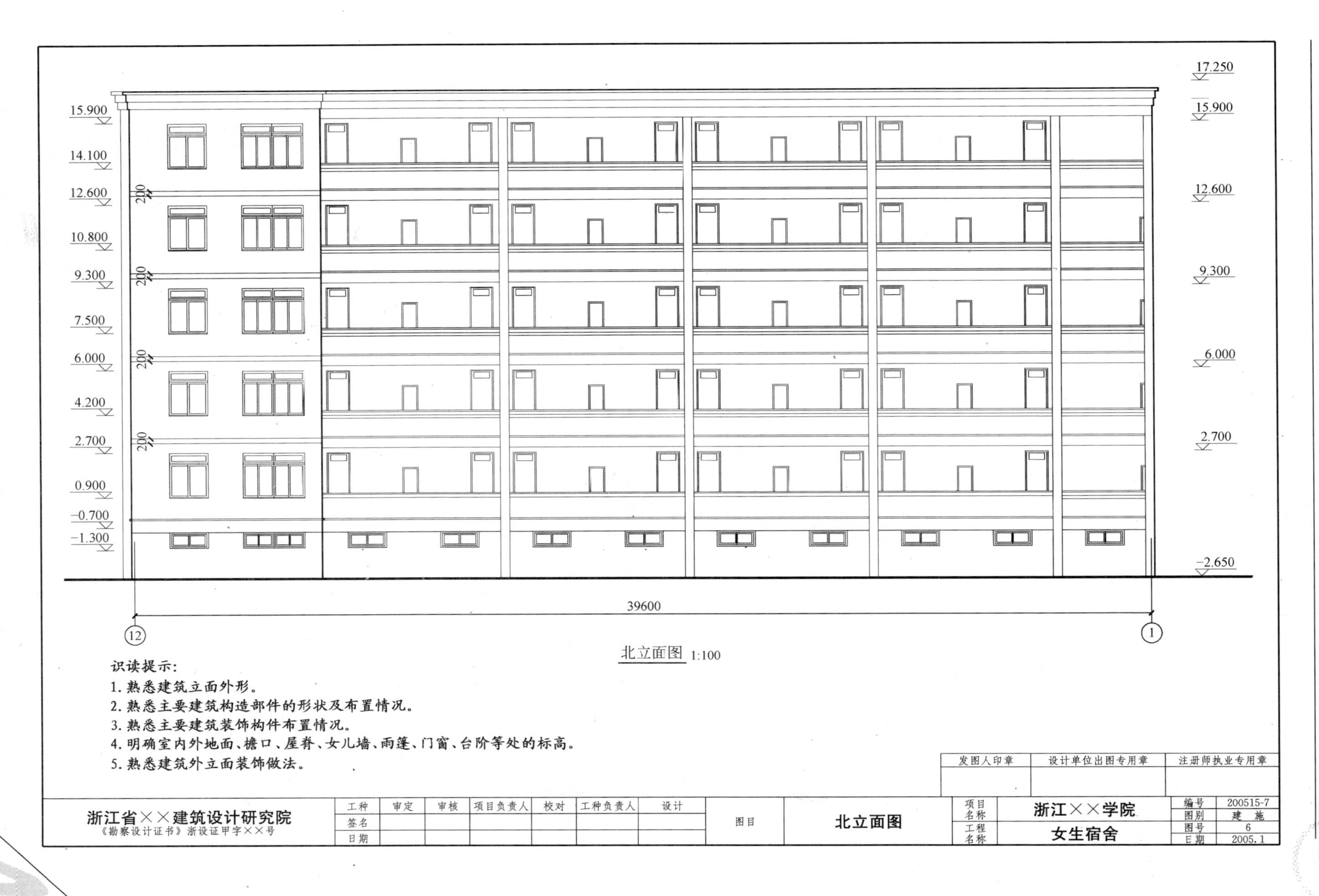

17.250
15.900
14.100
12.600
10.800
9.300
7.500
6.000
4.200
2.700
0.900
−0.700
−1.300
−2.650
200
39600
12
1
北立面图 1:100
识读提示:
1. 熟悉建筑立面外形。
2. 熟悉主要建筑构造部件的形状及布置情况。
3. 熟悉主要建筑装饰构件布置情况。
4. 明确室内外地面、檐口、屋脊、女儿墙、雨篷、门窗、台阶等处的标高。
5. 熟悉建筑外立面装饰做法。
发图人印章
设计单位出图专用章
注册师执业专用章
浙江省××建筑设计研究院
《勘察设计证书》浙设证甲字××号
工种
审定
审核
项目负责人
校对
工种负责人
设计
签名
日期
图目
北立面图
项目名称
浙江××学院
工程名称
女生宿舍
编号
200515-7
图别
建施
图号
6
日期
2005.1

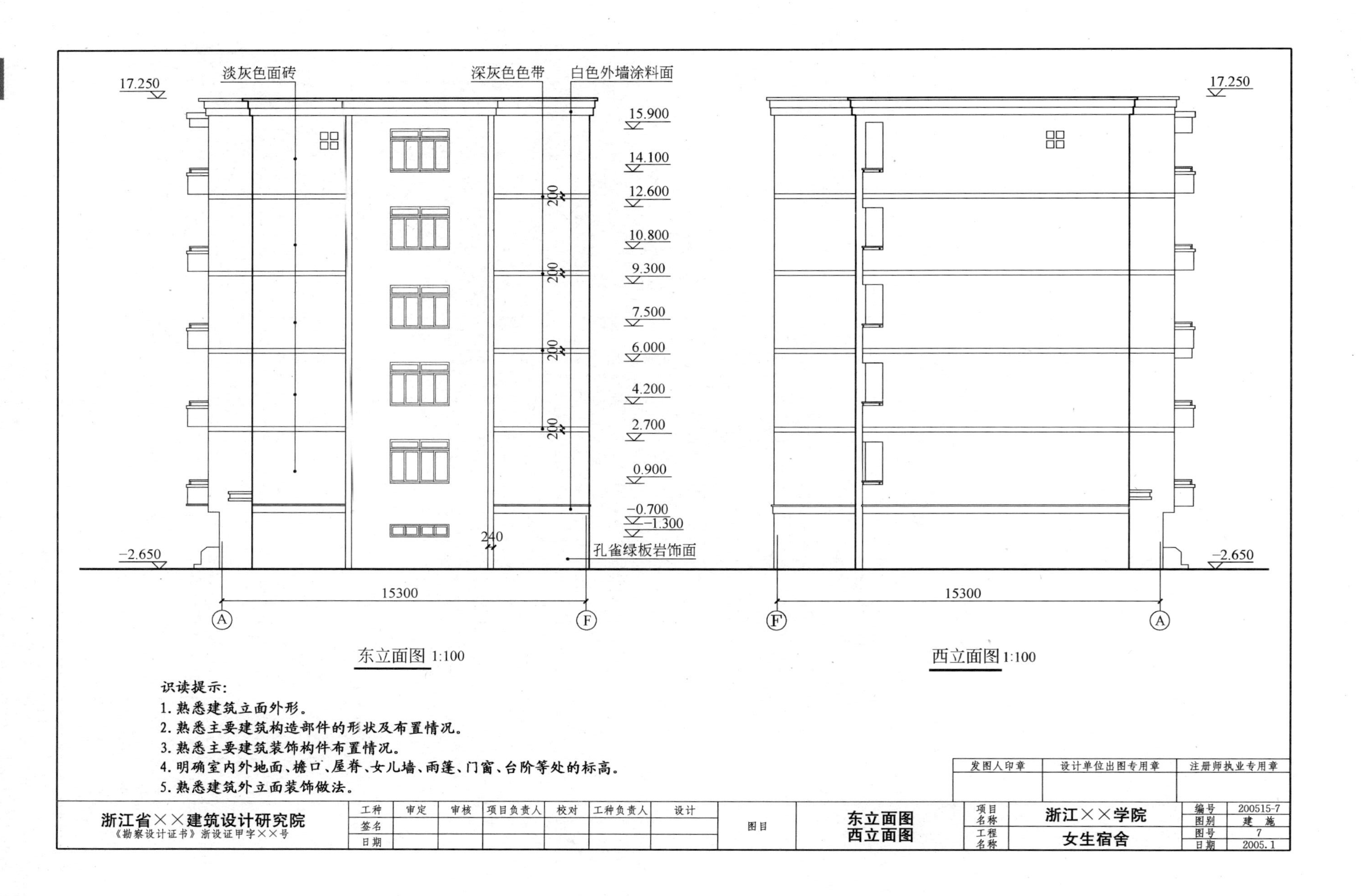

17.250
淡灰色面砖
深灰色色带
白色外墙涂料面
15.900
14.100
12.600
10.800
9.300
7.500
6.000
4.200
2.700
0.900
−0.700
−1.300
200
200
200
200
240
孔雀绿板岩饰面
−2.650
15300
A
F
东立面图 1:100
17.250
−2.650
15300
F
A
西立面图 1:100
识读提示：
1. 熟悉建筑立面外形。
2. 熟悉主要建筑构造部件的形状及布置情况。
3. 熟悉主要建筑装饰构件布置情况。
4. 明确室内外地面、檐口、屋脊、女儿墙、雨篷、门窗、台阶等处的标高。
5. 熟悉建筑外立面装饰做法。
发图人印章
设计单位出图专用章
注册师执业专用章
浙江省××建筑设计研究院
《勘察设计证书》浙设证甲字××号
工种
审定
审核
项目负责人
校对
工种负责人
设计
签名
日期
图目
东立面图
西立面图
项目名称
浙江××学院
工程名称
女生宿舍
编号
200515-7
图别
建 施
图号
7
日期
2005.1

2.6 建筑剖面图

2.6.1 概述

用一假想的垂直剖切面将房屋剖开，移去观察者与剖切平面之间的房屋部分，作出剩余部分的房屋的正投影图，简称剖面图。

剖视位置应选在层高不同、层数不同、内外部空间比较复杂，具有代表性的部位。一般建筑物的剖面图通常只有一个，当建筑物规模较大或平面形状复杂时，可根据实际需要增加剖面图的数量。

建筑剖面图主要表示房屋的内部结构、分层情况、各层高度、楼面和地面的构造以及各配件在垂直方向上的相互关系等内容。在施工中，可作为进行分层、砌筑内墙、铺设楼板、屋面板和内装修等工作的依据。

2.6.2 建筑剖面图的内容

建筑剖面图一般应包含以下内容：

(1) 墙、柱、轴线及轴线编号。

(2) 剖切到或可见的主要结构和建筑构造部件，如室外地面、底层地面、各层楼板、屋顶、檐沟、女儿墙、门窗、台阶、散水、阳台、雨篷及吊顶等。

(3) 高度方向三道尺寸：总高度尺寸；层间高度尺寸；门窗高度、窗间墙高度、室内外高差、女儿墙高度等分尺寸。

(4) 标高：主要结构和建筑构造部件的标高，如室外地面、底层地面、各层楼面、屋面板、吊顶、檐沟、女儿墙顶、高出屋面的建筑物、构筑物及其他屋面特殊构件等的标高。

2.6.3 识读示例

建筑剖面图的识读步骤如下：

(1) 看图名，与底层平面图对照，确定剖切位置及投影方向。

(2) 结合建筑平面图，进一步了解各楼层结构关系、建筑空间关系、功能关系。

(3) 查看楼层标高及尺寸标注，明确建筑物总高度、层数、各层层高、室内外高差。

(4) 查看细部尺寸及标高，明确门窗、阳台栏杆、女儿墙、吊顶等标高及其他空间尺度。

下面以浙江××学院女生宿舍工程的建筑剖面图为例进行识读。

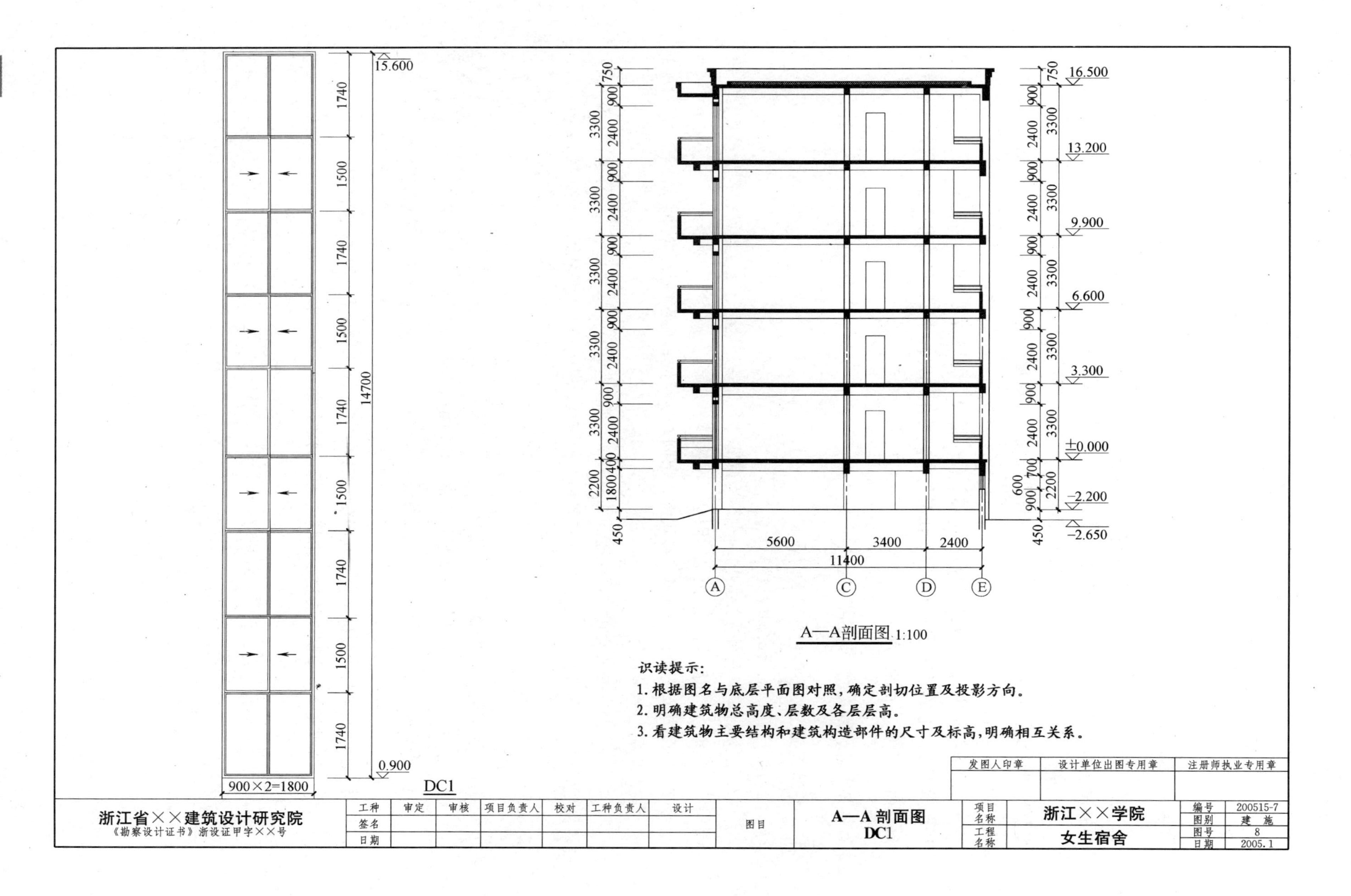

15.600
1740
1500
14700
0.900
900×2=1800
DC1
16.500
13.200
9.900
6.600
3.300
±0.000
−2.200
−2.650
750
900
2400
3300
2200
1800
400
700
600
450
5600
3400
2400
11400
A
C
D
E
A—A剖面图 1:100
识读提示:
1. 根据图名与底层平面图对照,确定剖切位置及投影方向。
2. 明确建筑物总高度、层数及各层层高。
3. 看建筑物主要结构和建筑构造部件的尺寸及标高,明确相互关系。
发图人印章
设计单位出图专用章
注册师执业专用章
浙江省××建筑设计研究院
《勘察设计证书》浙设证甲字××号
工种
审定
审核
项目负责人
校对
工种负责人
设计
签名
日期
图目
A—A 剖面图
DC1
项目名称
浙江××学院
工程名称
女生宿舍
编号
200515-7
图别
建 施
图号
8
日期
2005.1

2.7 建筑详图

2.7.1 概述

由于建筑平、立、剖面图的比例较小，无法把细部表达清楚。因此，用较大的比例（1∶50、1∶20 等）将建筑物的细部构造尺寸、材料、做法等详尽地绘制出来的图样称为建筑详图。

建筑详图的图示方法常用局部平面图、局部立面图、局部剖面图或节点大样图表示，具体视各部位情况而定。如楼梯详图需要绘制楼梯平面图、楼梯剖面图和楼梯节点大样图，墙身详图则用一个剖面图表示即可。

2.7.2 建筑详图的内容

建筑详图一般包含以下内容：

（1）楼梯、电梯的平面、剖面、节点大样。

（2）墙身、台阶、阳台、雨篷、栏杆、屋面、檐沟节点大样。

（3）室内外装饰方面的线脚构造等。

（4）厨房、卫生间等局部平面大样和构造。

（5）特殊的或非标准门、窗、幕墙等应有构造详图：立面分格图、开启面积大小、开启方式、用料材质、颜色与主体结构的连接方式、预埋件等。

2.7.3 识读示例

建筑详图是为了更清晰地表述建筑物的各部分做法，因此需要结合与该详图有关的图纸进行识读，才能更进一步理解建筑意图并实施。建筑详图的识读步骤如下：

（1）楼梯详图

1）查看图名及楼梯编号，与建筑平面图对照，明确楼梯位置，核对走向标注是否一致。

2）查看楼面平面详图，明确各梯段及休息平台起始位置、尺寸。

3）查看楼梯剖面详图，与楼梯平面详图对照，明确楼梯层数、踏步宽度、高度、级数及净高尺寸，核对是否符合强制性条文要求。

4）查看踏步、栏杆等节点详图，明确构造做法，核对栏杆高度是否符合强制性条文要求。

（2）电梯详图

1）查看图名及电梯编号，与建筑平面图对照，明确电梯位置。

2）查看电梯平面详图，与建筑平面图及电梯工艺图对照，明确电梯井道尺寸、预留孔洞位置及尺寸等。

3）查看电梯剖面详图，与建筑立面图、剖面图、电梯工艺图对照，核对电梯牛腿位置及详图、机房平面及下层净高尺寸。

（3）节点详图

节点详图需结合索引该节点的建筑平面图、立面图等一起仔细识读，才能掌握各细部节点的构造、尺寸、材料等做法要求，并应注意阳台和走廊栏杆、上人屋面女儿墙等高度及构造方面是否符合强制性条文要求。

下面以浙江××学院女生宿舍工程的楼梯详图和节点详图为例进行识读。

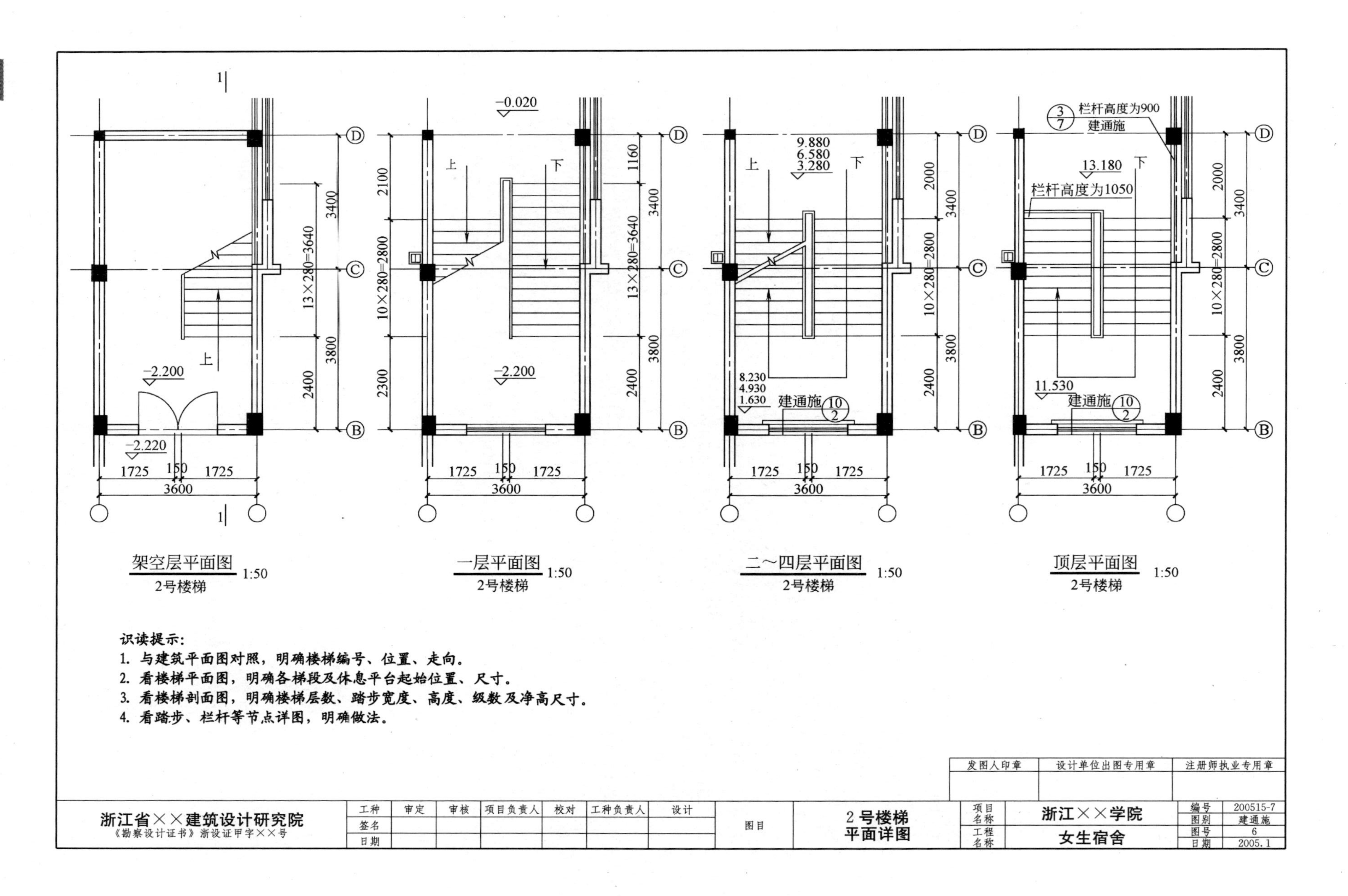

识读提示：

1. 与建筑平面图对照，明确楼梯编号、位置、走向。
2. 看楼梯平面图，明确各梯段及休息平台起始位置、尺寸。
3. 看楼梯剖面图，明确楼梯层数、踏步宽度、高度、级数及净高尺寸。
4. 看踏步、栏杆等节点详图，明确做法。

发图人印章	设计单位出图专用章	注册师执业专用章

浙江省××建筑设计研究院 《勘察设计证书》浙设证甲字××号	工种	审定	审核	项目负责人	校对	工种负责人	设计	图目	2号楼梯 平面详图	项目名称	浙江××学院	编号	200515-7
	签名											图别	建通施
	日期									工程名称	女生宿舍	图号	6
												日期	2005.1

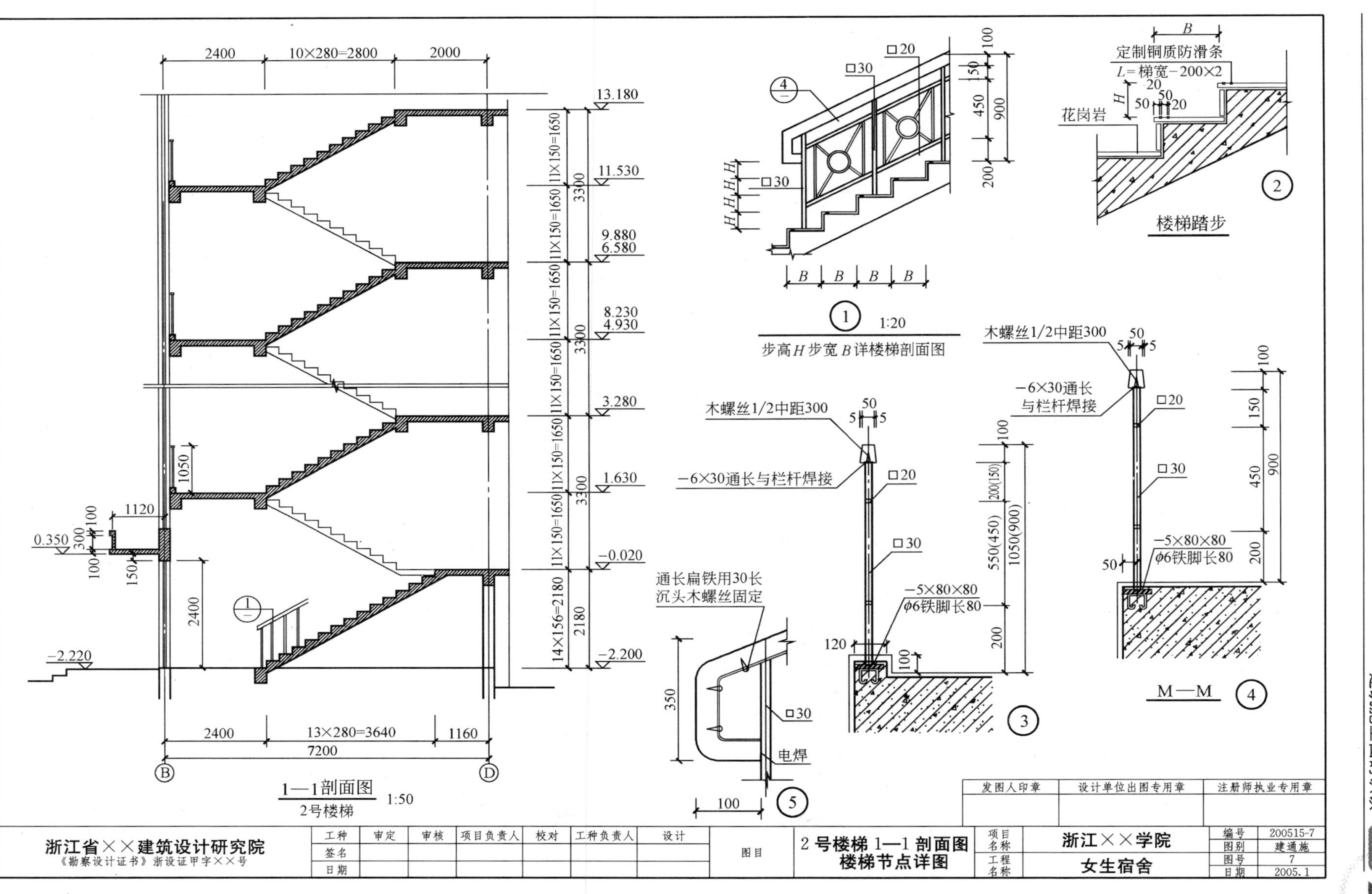

1—1剖面图 1:50
2号楼梯
步高H步宽B详楼梯剖面图
1:20
楼梯踏步
定制铜质防滑条
L=梯宽−200×2
花岗岩
木螺丝1/2中距300
−6×30通长与栏杆焊接
−6×30通长
与栏杆焊接
−5×80×80
φ6铁脚长80
通长扁铁用30长
沉头木螺丝固定
电焊
M—M
13.180
11.530
9.880
6.580
8.230
4.930
3.280
1.630
−0.020
−2.200
−2.220
0.350
10×280=2800
13×280=3640
7200
14×156=2180
11×150=1650
550(450)
1050(900)
200(150)
浙江省××建筑设计研究院
《勘察设计证书》浙设证甲字××号
工种
审定
审核
项目负责人
校对
工种负责人
设计
签名
日期
图目
2号楼梯1—1剖面图
楼梯节点详图
项目名称
浙江××学院
工程名称
女生宿舍
发图人印章
设计单位出图专用章
注册师执业专用章
编号
200515-7
图别
建通施
图号
7
日期
2005.1

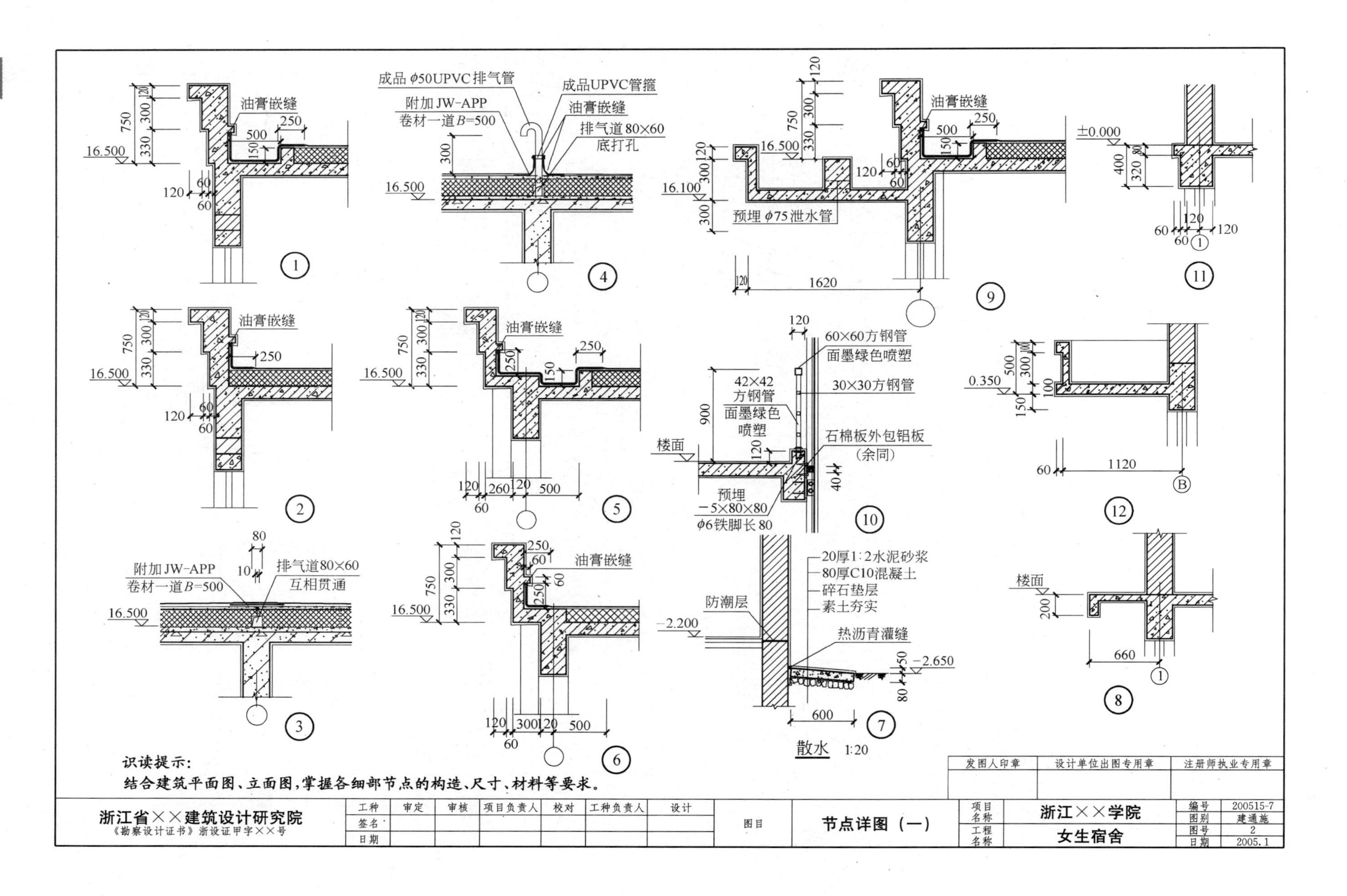

油膏嵌缝
16.500
750
120
300
330
500
250
150
60
成品φ50UPVC排气管
附加JW-APP
卷材一道B=500
成品UPVC管箍
排气道80×60
底打孔
16.100
预埋φ75泄水管
1620
±0.000
400
320
80
60×60方钢管
面墨绿色喷塑
42×42
方钢管
面墨绿色
喷塑
30×30方钢管
石棉板外包铝板
（余同）
楼面
900
预埋
－5×80×80
φ6铁脚长80
40
0.350
1120
100
260
排气道80×60
互相贯通
附加JW-APP
卷材一道B=500
80
10
20厚1:2水泥砂浆
80厚C10混凝土
碎石垫层
素土夯实
防潮层
－2.200
热沥青灌缝
－2.650
600
散水 1:20
200
660
识读提示：
结合建筑平面图、立面图，掌握各细部节点的构造、尺寸、材料等要求。
发图人印章
设计单位出图专用章
注册师执业专用章
浙江省××建筑设计研究院
《勘察设计证书》浙设证甲字××号
工种
审定
审核
项目负责人
校对
工种负责人
设计
签名
日期
图目
节点详图（一）
项目名称
浙江××学院
工程名称
女生宿舍
编号
200515-7
图别
建通施
图号
2
日期
2005.1

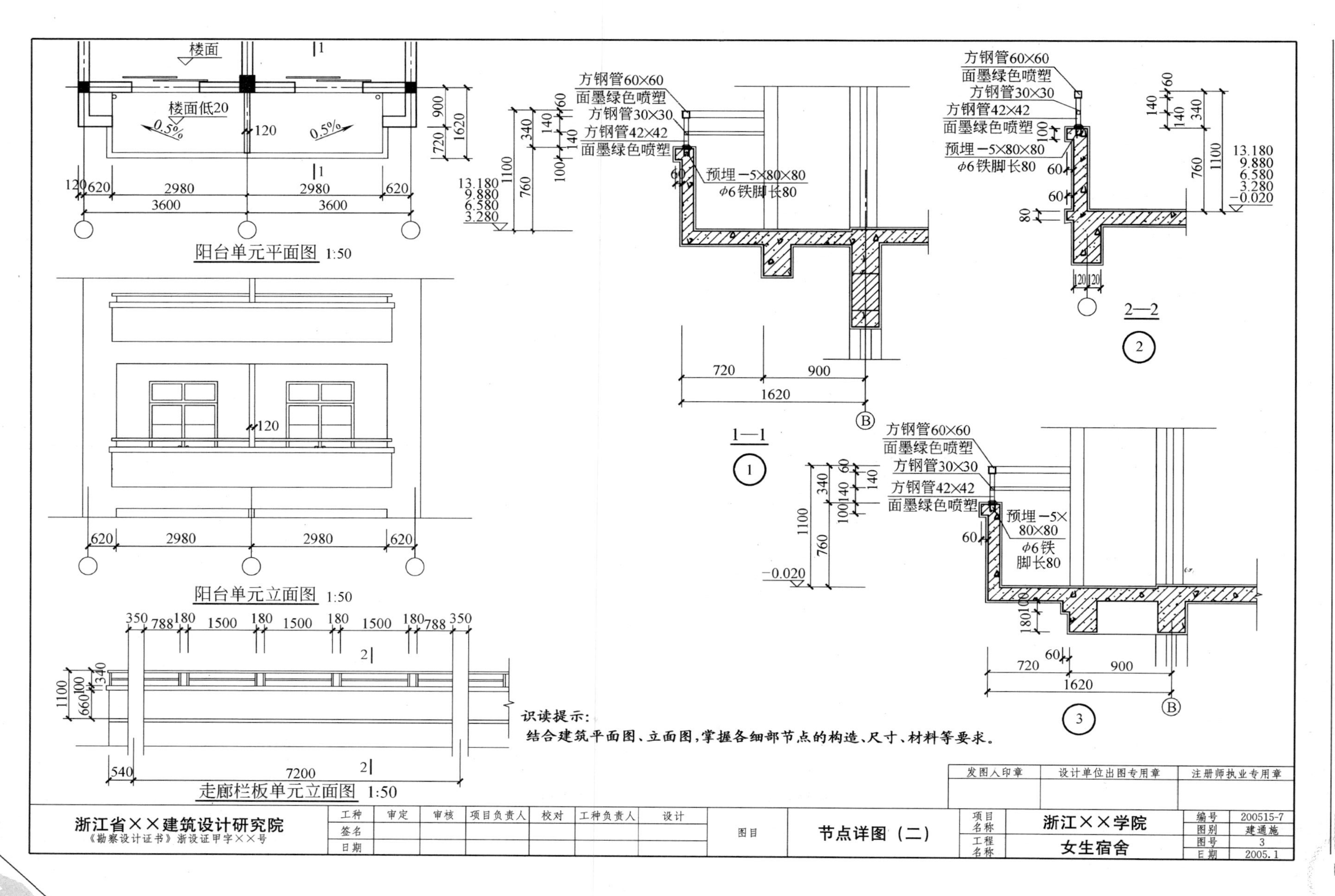

楼面
楼面低20
0.5%
阳台单元平面图 1:50
阳台单元立面图 1:50
走廊栏板单元立面图 1:50
方钢管60×60
面墨绿色喷塑
方钢管30×30
方钢管42×42
面墨绿色喷塑
预埋—5×80×80
φ6铁脚长80
13.180
9.880
6.580
3.280
-0.020
1—1
2—2
识读提示：
结合建筑平面图、立面图，掌握各细部节点的构造、尺寸、材料等要求。
发图人印章
设计单位出图专用章
注册师执业专用章
浙江省××建筑设计研究院
《勘察设计证书》浙设证甲字××号
工种
审定
审核
项目负责人
校对
工种负责人
设计
签名
日期
图目
节点详图（二）
项目名称
浙江××学院
工程名称
女生宿舍
编号 200515-7
图别 建通施
图号 3
日期 2005.1

XIANGMU

项目 2

结构施工图的识读

能力目标： 能根据建筑结构平法制图规则，正确识读混凝土工程的结构施工图。

结构施工图的基本知识

结构施工图（简称结施图）：主要表达建筑工程的结构类型，梁、板、柱（墙）等各构件布置，构件的材料、截面尺寸、配筋，以及构件间的连接、构造要求。

根据承重骨架采用的材料不同，房屋建筑可分为木结构、混凝土结构、砌体结构和钢结构。本单元仅介绍混凝土结构施工图的识读。

1.1 结构施工图的作用

结构施工图是设计人员综合考虑建筑的规模、使用功能、业主的要求、当地材料的供应情况、场地周边的现状、抗震设防要求等因素，根据国家及省市有关现行规范、规程、规定，以经济合理、技术先进、确保安全为原则而形成的结构工种设计文件。

结构施工图，是施工放线、挖槽、支模板、绑扎钢筋、浇筑混凝土、安装梁板柱等构件、编制预决算和施工组织设计的依据，是监理单位工程质量检查与验收的依据。

1.2 结构施工图的组成

结构施工图一般包括下列五个方面的内容：

（1）图纸目录。主要表明建筑工程的结构施工图是由哪些图纸组成。图纸目录的内容和识读示例同单元 2 所述。

（2）结构设计总说明。

结构设计总说明是结构施工图的纲领性文件，是施工的重要依据，它根据现行规范的要求，结合工程结构的实际情况，将设计的依据、对材料的要求、所选用的标准图和对施工的特殊要求等，以文字表述为主的方式形成的设计文件。

（3）基础施工图。包括基础平面图和基础详图，主要表达建筑物的地基处理措施及要求、基础形式及施工要求等，复杂的工业建筑还包括设备基础布置图。

（4）上部结构施工图。主要表达梁、板、柱（墙）等构件的平面布置，各构件的截面尺寸、配筋等。

（5）结构详图：包括楼梯、电梯间结构详图及节点详图。

结构施工图一般按施工顺序排序，依次为图纸目录、结构设计总说明、基础平面图、基础详图、柱（剪力墙）平面及配筋（自下而上按层排列）、梁平面及配筋（自下而上按层排列）、楼（屋）面结构平面图（自下而上按层排列）、楼梯及构件详图等。

结构施工图的识读要点

结构施工图是结构工程师在看懂建筑施工图、理解建筑工程师设计意图的基础上，以建筑施工图为条件图，对建筑物的基础、柱（墙）、梁、板等结构构件进行设计后绘制的图纸。因此，识读结构施工图的前提是识读建筑施工图，我们在前面已经详细讲述了如何正确识读建筑施工图，现在开始进行结构施工图的识读。

结构施工图表达的内容较多，是施工的重要依据，在整个施工过程中占有举足轻重的作用，正确识读结构施工图的重要性不言而喻。结构施工图的识读应在了解结构施工图的内容、表达方法、常用的结构构造做法以及相关结构规范的基础上，结合建筑施工图按照由浅入深，先粗后细，先大后小，相互对照的方法进行识读，这样才能迅速全面地读懂结构施工图，理解结构施工图的设计意图。

结构施工图识读一般宜遵循以下原则：

（1）先建筑，后结构。

一般先看建筑施工图，了解建筑概况、使用功能及要求、内部空间的布置、层数与层高、墙柱布置、门窗尺寸、内外装修、节点构造及施工要求等基本情况，在正确识读建筑施工图，理解建筑设计意图的基础上，再看结构施工图，根据正确的识读方法，按照图纸编排顺序对结构施工图进行逐张识读。

（2）由浅入深，先粗后细，先大后小。

先了解结构工程概况、结构类型、基础形式，再逐一翻阅结构施工图，了解基础、柱（墙）、梁、板等各结构构件的布置情况，最后再逐步细化，仔细识读每一张结构施工图中每一个构件，每一个节点的详图，熟悉结构构件的材料要求、截面尺寸、配筋，以及结构构件间的连接、构造要求等内容。

（3）结施与建施对照看，其他设施图参照看。

在阅读结构施工图的同时，还需要对照相应的建筑施工图，应特别注意各层平面梁柱的布置与建筑施工图中相应各层的平面布置、梁的截面高度与相应门窗尺寸、结构标高与建筑标高及面层做法、结构详图与建筑详图等相互之间的统一关系。最后阅读设备施工图，应特别注意设备的布置与建筑施工图的平面布置、设备的预留孔位置及尺寸与结构构件的布置与尺寸、结构预留孔的位置等相互之间的统一关系。只有把三者结合起来看，才能正确全面地了解施工图的全貌。

2.1 结构设计总说明的识读

2.1.1 结构设计总说明的内容

结构设计总说明，是以文字说明为主的、带有全局性的纲领性文件。每一单项工程应编写一份结构设计总说明，对于简单的小型单项工程，设计总说明中的内容可分别写在基础平面图和各层结构平面图上。

结构设计总说明包括以下内容：

（1）设计依据：

1）本工程结构设计所采用的主要标准与法规；

2）相应的工程地质报告；

3）采用的设计荷载，包括工程所在地的风荷载与雪荷载、楼（屋）面使用荷载、其他特殊的荷载。

（2）设计±0.000标高所对应的绝对标高值。

（3）图纸中标高、尺寸的单位。

（4）建筑结构的安全等级和设计使用年限，混凝土结构的耐久性要求和砌体结构施工质量控制等级。

（5）建筑场地的类别、地基的液化等级、地基基础设计等级、建筑抗震设防类别、抗震设防烈度（设计基本地震加速度及设计地震分组）和钢筋混凝土结构构件的抗震等级。

（6）人防工程的抗力等级。

（7）本工程结构材料的品种、规格、性能及相应的产品标准。如混凝土的强度等级、钢筋的种类以及砌体部分块材和砌筑砂浆的强度等级等；钢结构的结构用钢材、焊条及螺栓的要求等。

（8）构造要求。本工程的环境类别，明确各构件混凝土保护层厚度，钢筋锚固与连接、钢结构焊缝等要求，承重结构与非承重结构的连接要求，某些构件或部位的特殊要求。

（9）本工程地质概况，对不良地基的处理措施及技术要求，对地基持力层的要求，基础的形式，地基承载力特征值或桩基的单桩承载力设计特征值。

（10）本工程对施工顺序、方法、质量标准的要求，与其他工种配合的要求，对水池、地下室等有抗渗要求的混凝土，说明抗渗等级，在施工期间有上浮可能时，应提出抗浮措施。

（11）设计选用的标准构件图集。

（12）施工中应遵循的施工规范与注意事项。

2.1.2 识读示例

结构设计总说明是对结构施工图纸的补充，很多文字说明又恰恰是图样无法表达的内容，对标准图集的一些变更也在说明中予以交代。因此要逐条认真阅读，并结合后面施工图的识读加以全面理解。

识读步骤：

（1）熟悉本工程的结构概况：结构类型、工程抗震设防烈度、结构构件的抗震等级、基础类型、砌体结构施工质量控制等级等；

（2）熟悉本工程所采用的材料：混凝土的强度等级、钢筋的种类、块材的种类和砌筑砂浆的强度等级，钢结构用钢、焊条及螺栓等；

（3）熟悉本工程的构造与施工要求：各类构件钢筋保护层的厚度，钢筋连接的要求，承重结构与非承重结构的连接要求，施工顺序、质量标准的要求，后浇带的施工要求，与其他工种配合要求等；

（4）熟悉本工程所采用的标准图。

下面以浙江××学院女生宿舍工程的结构设计总说明为例进行识读。

2.1.3 有关规定与构造

（1）混凝土结构材料应符合下列规定：

1）混凝土的强度等级：框支梁、框支柱及抗震等级为一级的框架梁、柱、节点核心区，不应低于C30，构造柱、芯柱、圈梁及其他各类构件不应低于C20；

2）抗震等级为一、二级的框架结构，其纵向受力钢筋采用普通钢筋时，钢筋的抗拉强度实测值与屈服强度实测值的比值不应小于1.25，且钢筋的屈服强度实测值与强度标准值的比值不应大于1.3。

（2）钢筋混凝土房屋应根据地震烈度、结构类型和房屋高度采用不同的抗震等级，并应符合相应的计算和构造措施要求。丙类建筑的抗震等级应按表2-1确定：

现浇钢筋混凝土房屋的抗震等级 **表2-1**

<table>
<tr><td colspan="3" rowspan="2">结构类型</td><td colspan="7">烈度</td></tr>
<tr><td colspan="2">6</td><td colspan="2">7</td><td colspan="2">8</td><td>9</td></tr>
<tr><td rowspan="3">框架结构</td><td colspan="2">高度(m)</td><td>≤30</td><td>>30</td><td>≤30</td><td>>30</td><td>≤30</td><td>>30</td><td>≤25</td></tr>
<tr><td colspan="2">框架</td><td>四</td><td>三</td><td>三</td><td>二</td><td>二</td><td>一</td><td>一</td></tr>
<tr><td colspan="2">剧场、体育馆等大跨度公共建筑</td><td colspan="2">三</td><td colspan="2">二</td><td colspan="2">二</td><td>一</td></tr>
<tr><td rowspan="3">框架-抗震墙结构</td><td colspan="2">高度(m)</td><td>≤60</td><td>>60</td><td>≤60</td><td>>60</td><td>≤60</td><td>>60</td><td>≤50</td></tr>
<tr><td colspan="2">框架</td><td>四</td><td>三</td><td>三</td><td>二</td><td>二</td><td>一</td><td>一</td></tr>
<tr><td colspan="2">抗震墙</td><td colspan="2">三</td><td colspan="2">二</td><td colspan="2">二</td><td>一</td></tr>
<tr><td rowspan="2">抗震墙结构</td><td colspan="2">高度(m)</td><td>≤80</td><td>>80</td><td>≤80</td><td>>80</td><td>≤80</td><td>>80</td><td>≤60</td></tr>
<tr><td colspan="2">抗震墙</td><td>四</td><td>三</td><td>三</td><td>二</td><td>二</td><td>一</td><td>一</td></tr>
<tr><td rowspan="2">部分框支抗震墙结构</td><td colspan="2">抗震墙</td><td>三</td><td>二</td><td colspan="2">二</td><td>一</td><td rowspan="2"></td><td rowspan="2"></td></tr>
<tr><td colspan="2">框支层框架</td><td colspan="2">二</td><td>二</td><td>一</td><td>一</td></tr>
<tr><td rowspan="4">筒体结构</td><td rowspan="2">框架-核心筒</td><td>框架</td><td colspan="2">三</td><td colspan="2">二</td><td colspan="2">一</td><td>一</td></tr>
<tr><td>核心筒</td><td colspan="2">二</td><td colspan="2">二</td><td colspan="2">一</td><td>一</td></tr>
<tr><td rowspan="2">筒中筒</td><td>内筒</td><td colspan="2">三</td><td colspan="2">二</td><td colspan="2">一</td><td>一</td></tr>
<tr><td>外筒</td><td colspan="2">三</td><td colspan="2">二</td><td colspan="2">一</td><td>一</td></tr>
<tr><td rowspan="2">板柱-抗震墙结构</td><td colspan="2">板柱的柱</td><td colspan="2">三</td><td colspan="2">二</td><td colspan="2">一</td><td rowspan="2"></td></tr>
<tr><td colspan="2">抗震墙</td><td colspan="2">二</td><td colspan="2">二</td><td colspan="2">二</td></tr>
</table>

注：1. 建筑场地为I类时，除6度外可按表内降低1度所对应的抗震等级采取抗震构造措施，但相应的计算要求不应降低；

2. 接近或等于高度分界时，应允许结合房屋不规则程度及场地、地基条件确定抗震等级；

3. 部分框支抗震墙结构中，抗震墙加强部位以上的一般部位，应允许按抗震墙结构确定其抗震等级。

（3）在施工中，当需要以强度等级较高的钢筋替代原设计中的纵向受力钢筋时，应按照钢筋受拉承载力设计值相等的原则换算，并应满足正常使用极限状态和抗震构造措施的要求。

结构设计总说明

一、设计总则

1. 本工程设计标高±0.000相当于绝对标高见建筑说明。
2. 标高以"m"计，其余尺寸以"mm"计。
3. 本工程依据现行国家标准规范、规程和有关审批文件进行设计。
4. 施工中应严格遵守国家各项施工及验收规范，本设计未考虑高温及冬雨期施工措施，施工单位应根据有关施工规范自定。
5. 本工程抗震设防烈度为6度，场地土类别为Ⅲ类，建筑抗震重要性类别为丙类。房屋总高度19.15m，层数为6层，结构使用年限50年，结构安全等级为二级。
6. 本工程为框架结构体系，框架结构抗震等级为四级。
7. 基础说明另详。
8. 设计活荷载标准值：
   宿舍 2.0kN/m² 盥洗室 2.0kN/m² 厕所 2.0kN/m²
   卫生间 2.0kN/m² 楼梯间 2.0kN/m² 走廊 2.0kN/m²
   不上人屋面 0.5kN/m²
   按现行《建筑结构荷载规范》(GB 50009—2001)，基本风压值0.45kN/m²，基本雪压值0.45kN/m²。楼层房间应按建筑图中注明内容使用，未经设计同意不得任意更改使用内容，同时也不得在楼层梁板上增设建筑图中未标注的隔墙（泰柏板等轻质隔墙除外）。
9. 凡预留洞、预埋件均应严格按照结构图并配合其他工种图纸进行施工，未经结构设计人员同意，严禁自行留洞或事后凿洞，施工洞的留设必须征得设计单位的同意。
10. 本工程按图集《混凝土结构施工图平面整体表示方法制图规则和构造详图》(03G 101—1)制图和施工。
11. 若各图单独说明与本说明有矛盾，请及时与设计单位联系。

二、材料

1. 钢材：(1) 钢筋："Φ"为HPB235级钢筋，"Φ"为HRB335级钢筋。
   (2) 钢板与型钢：Q235。
   (3) 所有外露铁件均应除锈涂红丹两道，刷防锈漆两度。
2. 焊条：(1) E43××型：用于钢筋与钢板型钢焊接、HPB235级钢筋焊接、HPB235级与HRB335级钢筋焊接。
   (2) E50××型：用于HRB335级钢筋焊接。
3. 混凝土除注明外均为C25。
4. 墙体：(1) 标高−2.200以下采用MU15烧结普通砖、M10水泥砂浆实砌砌体。
   (2) 标高−2.200以上外墙、盥洗室和卫生间墙体采用MU10烧结多孔砖、M7.5混合砂浆实砌砌体，其余墙体采用A3.5蒸压加气混凝土砌块、M7.5混合砂浆实砌砌体。

三、结构构造与施工要求

1. 室内正常环境下受力钢筋混凝土保护层厚度：板为15mm，梁为25mm，柱为30mm。
2. 基础梁、板、柱底面钢筋的混凝土保护层厚度为40mm。
3. 纵向受力钢筋最小锚固长度、搭接长度取值详见平法图集(03G 101—1)。
4. 悬臂梁、悬挑板的支撑须待混凝土强度达到100%后方可拆除。
5. 板上开洞加强筋示意详见图1（除图中注明外），梁上开洞加强筋示意详见图5。
6. 梁上设置柱时，节点详见图2。
7. 梁除详图注明外，应按施工规范起拱。
8. 墙体拉结筋的设置、梁和柱箍筋加密、构造柱边砌体马牙槎的砌筑等构造措施均采用《砖墙承重多层房屋抗震构造柱节点详图》(协90G301)。
9. 所有门窗洞顶除已有梁外均设置混凝土过梁，详见图3，若洞在柱边时详见图4。

四、钢筋混凝土结构施工中必须密切配合建施、电施、水施、暖施等有关图纸施工，如配合建施图的栏杆、钢梯、门窗安装等设置预埋件或预留孔洞、柱与墙身的拉结钢筋等，电施的预埋管线、防雷装置、接地与柱内纵筋焊成一体、电施预埋铁板等，水施图中的预埋管及预留洞等。

五、沉降观测点设置于勒脚上口。沉降观测自施工至±0.000时首次观测，以后待每层结构完成观测一次，结顶后每月观测一次，竣工后每半年观测一次。观测资料由施工单位保存，并送我院一份备查用。

六、本说明未及之处按现行规范和有关施工图执行。

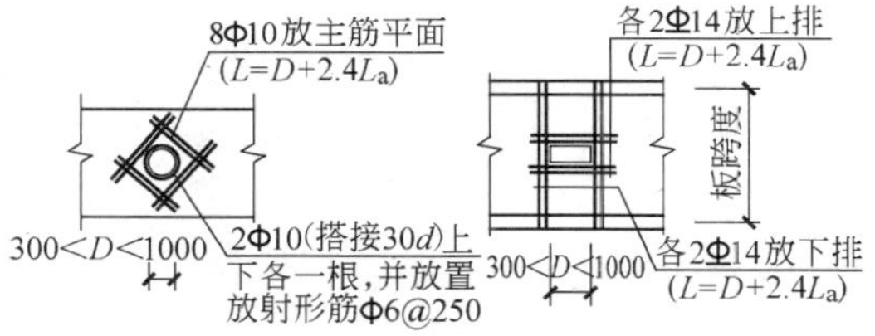

8Φ10放主筋平面 ($L=D+2.4L_a$)

300<D<1000 2Φ10(搭接30d)上下各一根，并放置放射形筋Φ6@250

各2Φ14放上排 ($L=D+2.4L_a$)

板跨度

300<D<1000 各2Φ14放下排 ($L=D+2.4L_a$)

图1 板上开洞加强筋示意

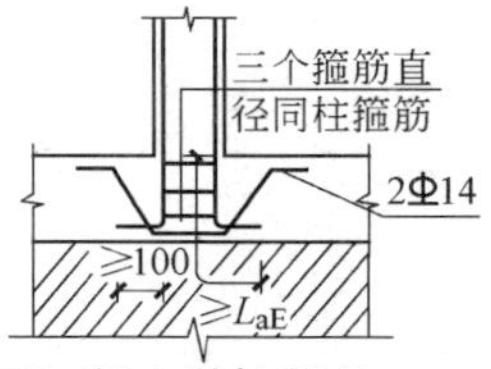

三个箍筋直径同柱箍筋

2Φ14

≥100

≥L_{aE}

图2 梁上种柱节点

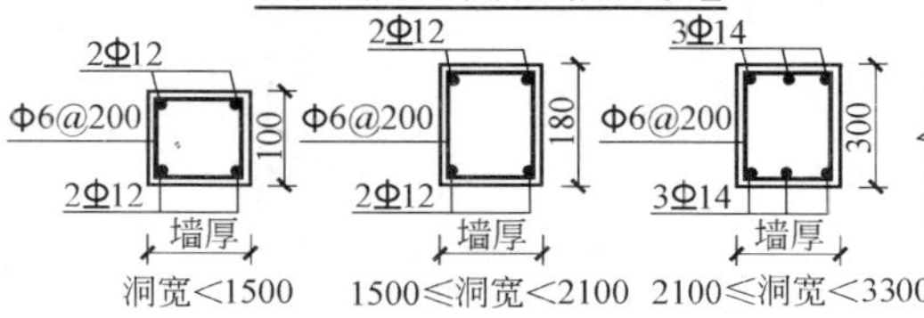

2Φ12 Φ6@200 100 2Φ12 墙厚 洞宽<1500

2Φ12 Φ6@200 180 2Φ12 墙厚 1500≤洞宽<2100

3Φ14 Φ6@200 300 3Φ14 墙厚 2100≤洞宽<3300

图3 门窗洞口过梁图

过梁长度L=洞口宽度+500

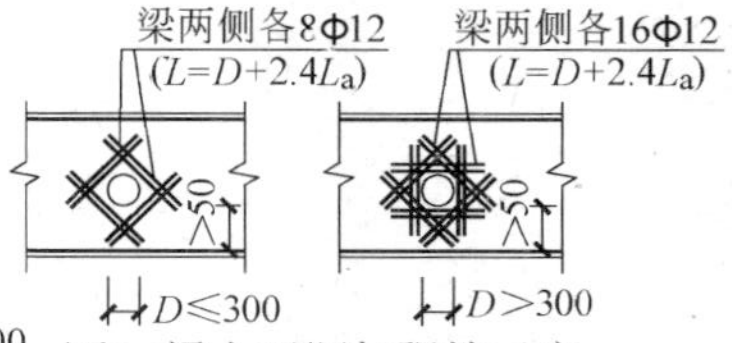

梁两侧各8Φ12 ($L=D+2.4L_a$) ≥50 D≤300

梁两侧各16Φ12 ($L=D+2.4L_a$) ≥50 D>300

图5 梁上开洞加强筋示意

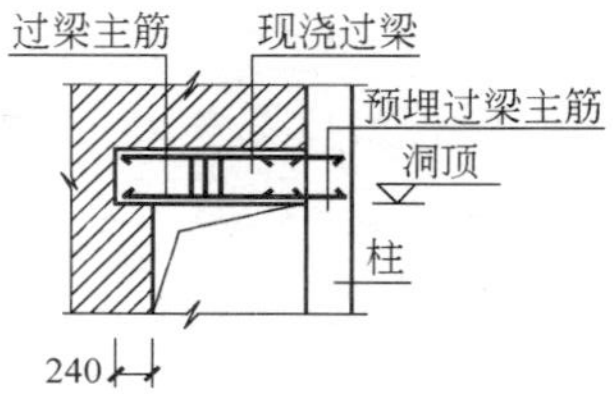

过梁主筋 现浇过梁 预埋过梁主筋 洞顶 柱 240

图4 柱边过梁

识读提示：

1. 了解结构设计依据，明确结构类型、抗震等级等。

2. 熟悉选用的结构材料、包括混凝土、钢筋、墙体等。

3. 熟悉有关构造与施工要求。

4. 查看本工程是否对施工提出特殊要求。

发图人印章	设计单位出图专用章	注册师执业专用章

浙江省××建筑设计研究院 《勘察设计证书》浙设证甲字××号	工种	审定	审核	项目负责人	校对	工种负责人	设计	图目	结构设计总说明	项目名称	浙江××学院	编号	200515-7
	签名									工程名称	女生宿舍	图别	结通施
	日期											图号	1
												日期	2005.1

（4）钢筋混凝土构造柱、芯柱和底部框架-抗震墙砖房中砖抗震墙的施工，应先砌墙后浇构造柱、芯柱和框架梁柱。

（5）抗震设计时，砌体填充墙及隔墙应具有自身稳定性，并应符合下列要求：

1）砌体的砂浆强度等级不应低于 M5，墙顶应与框架梁或楼板密切结合；

2）砌体填充墙应沿框架柱全高每隔 500mm 左右设置 2 根直径 6mm 的拉筋，拉筋伸入墙内的长度，6、7 度时不应小于墙长的 1/5 且不应小于 700mm，8、9 度时宜沿墙全长贯通；

3）墙长大于 5m 时，墙顶与梁（板）宜有钢筋拉结；墙长大于层高的 2 倍时，宜设置钢筋混凝土构造柱；墙高超过 4m 时，墙体半高处（或门洞上皮）宜设置与柱连接且沿墙全长贯通的钢筋混凝土水平连系梁。

（6）框架结构按抗震设计时，不应采用部分由砌体墙承重之混合形式。框架结构中的电梯间及局部出屋顶的电梯机房、楼梯间、水箱间等，应采用框架承重，不应采用砌体墙承重。

2.2 基础施工图的识读

2.2.1 基础平面图制图规则

基础平面图是在相对标高±0.000 处用一个假想水平剖切面将建筑物剖开，移去上部建筑物和覆盖土层后所作的水平投影图。

1. 基础平面图具有下列图示特点：

（1）在基础平面图中，一般只绘制基础墙（或梁）、柱及基础底面（不含垫层）的轮廓线，其他细部轮廓线（如大放脚等）省略不画，用详图表达。当采用桩（常用的桩类型有：钻孔灌注桩、人工挖孔桩、预应力混凝土管桩、沉管灌注桩等）基础时，为表达清晰，一般分别绘制桩位平面图和承台平面图。习惯用粗十字线“＋”表示桩的中心位置，或采用桩断面轮廓线表示桩位。

（2）基础边线一般用中实线表示，基础内留有的孔洞及管沟位置可用虚线表示，柱一般涂黑表示。当采用筏板基础时，基础底板钢筋用粗实线表示，基础墙（或基础梁）的边线用中实线，其余轮廓线用细实线绘制。

（3）凡基础截面尺寸、做法、基底标高等不同时，均应标注不同的断面剖切符号，并绘制基础详图。

（4）不同类型的独立基础（包括承台）、基础梁分别用符号 J（CT）、JL（或 DL）及其序号进行编号并绘制基础详图。

2. 基础施工图的主要内容

基础平面图主要表示基础的墙、柱、地沟、预留孔及基础构件布置等平面位置关系。主要包括下列内容：

（1）图名和比例。

（2）轴线网。

（3）基础的平面布置。基础平面图应反映基础构件的位置、尺寸、底标高、构件编号，基础底标高不同时，应绘出放坡示意；桩位平面图应反映各桩中心线与轴线间的定位尺寸，承台平面图应反映各承台边线与轴线间的定位尺寸。

（4）管沟、预留孔和已定设备基础的平面位置、尺寸、标高。

（5）当采用人工复合地基时，应绘出复合地基的处理范围和深度，置换桩的平面布置及其材料和性能要求、构造详图，注明复合地基的承载能力特征值及压缩模量等有关参数和检测要求。

（6）提出沉降观测要求及测点布置。

（7）基础详图。

（8）施工说明。应包括基础持力层及基础进入持力层的深度，地基承载能力特征值，基底及基槽回填土的处理措施与要求以及对施工的要求；桩基础应说明桩的类型和桩顶标高、入土深度、桩端持力层及进入持力层的深度、成桩的施工要求、试桩要求和桩基的检测要求（也可在结构设计总说明中统一编写）。

2.2.2 基础施工图识读示例

在阅读基础施工图前，一般应先认真阅读本工程的《岩土工程详细勘察报告》。根据勘探点的平面布置图，查阅地质剖面，了解拟建场地的标高、土层分布及各项指标、地下水位、持力层位置。

常用的基础类型有：柱下（墙下）条形基础、独立基础、桩基础、筏板基础等。基础类型不同，基础施工图内容也有差异。不论采用何种基础类型，一般均先阅读基础平面图，再看基础详图。

识读步骤：

（1）阅读基础说明。了解基础类型、材料、构造要求及有关基础施工要求。

（2）轴线网。对照建筑图中的底层平面图检查轴线网，两者必须一致，轴线位置、编号、轴线尺寸应正确无误。

（3）根据建施底层平面的墙、柱布置和上部结构施工图，检查基础梁、柱等构件的布置和定位尺寸是否正确，有无遗漏，基础布置应使基础平面形成封闭状。

（4）检查各构件的尺寸是否标注齐全，有无遗漏和错误。

（5）检查断面剖切符号是否齐全，基础详图是否正确、有无遗漏。

（6）管沟的宽度及位置、预留孔位置等是否与基础相碰。

（7）如果是接建工程，还须审查新老基础之间的相互关系，考虑基础施工对原有建筑的影响并采取相应的措施。

（8）沉降观测点的布置、做法与观测要求。

下面分别以浙江××学院女生宿舍工程的桩基础施工图和××房地产开发公司-××世纪花园独立基础施工图为例进行识读。

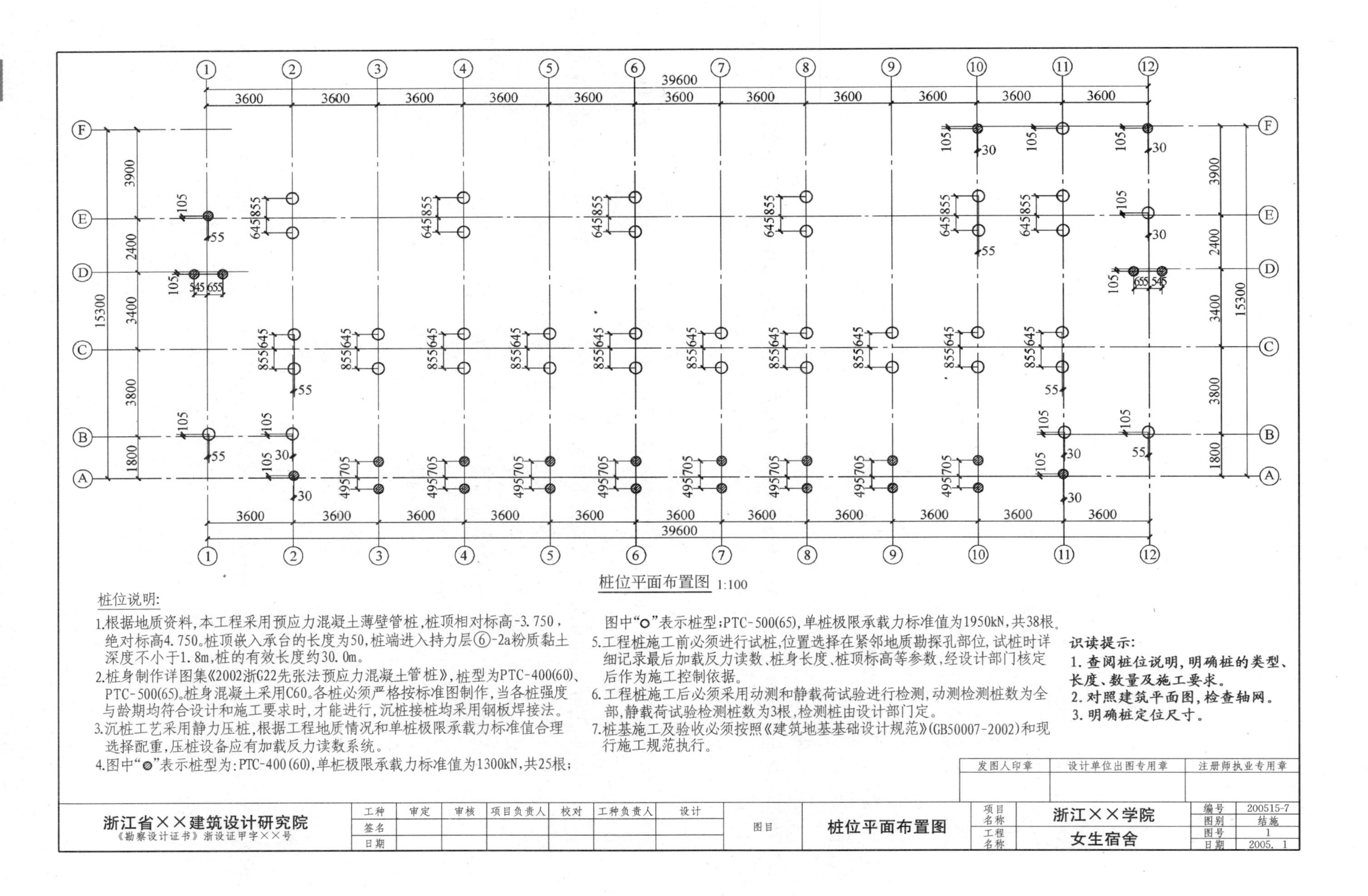

桩位平面布置图 1:100

桩位说明:

1.根据地质资料,本工程采用预应力混凝土薄壁管桩,桩顶相对标高-3.750,绝对标高4.750。桩顶嵌入承台的长度为50,桩端进入持力层⑥-2a粉质黏土深度不小于1.8m,桩的有效长度约30.0m。

2.桩身制作详图集《2002浙G22先张法预应力混凝土管桩》,桩型为PTC-400(60)、PTC-500(65)。桩身混凝土采用C60。各桩必须严格按标准图制作,当各桩强度与龄期均符合设计和施工要求时,才能进行,沉桩接桩均采用钢板焊接法。

3.沉桩工艺采用静力压桩,根据工程地质情况和单桩极限承载力标准值合理选择配重,压桩设备应有加载反力读数系统。

4.图中"◎"表示桩型为:PTC-400(60),单桩极限承载力标准值为1300kN,共25根;图中"○"表示桩型;PTC-500(65),单桩极限承载力标准值为1950kN,共38根。

5.工程桩施工前必须进行试桩,位置选择在紧邻地质勘探孔部位,试桩时详细记录最后加载反力读数、桩身长度、桩顶标高等参数,经设计部门核定后作为施工控制依据。

6.工程桩施工后必须采用动测和静载荷试验进行检测,动测检测桩数为全部,静载荷试验检测桩数为3根,检测桩由设计部门定。

7.桩基施工及验收必须按照《建筑地基基础设计规范》(GB50007-2002)和现行施工规范执行。

识读提示:

1. 查阅桩位说明,明确桩的类型、长度、数量及施工要求。

2. 对照建筑平面图,检查轴网。

3. 明确桩定位尺寸。

发图人印章	设计单位出图专用章	注册师执业专用章

浙江省××建筑设计研究院
《勘察设计证书》浙设证甲字××号

工种	审定	审核	项目负责人	校对	工种负责人	设计
签名						
日期						

图目	桩位平面布置图

项目名称	浙江××学院
工程名称	女生宿舍

编号	200515-7
图别	结施
图号	1
日期	2005.1

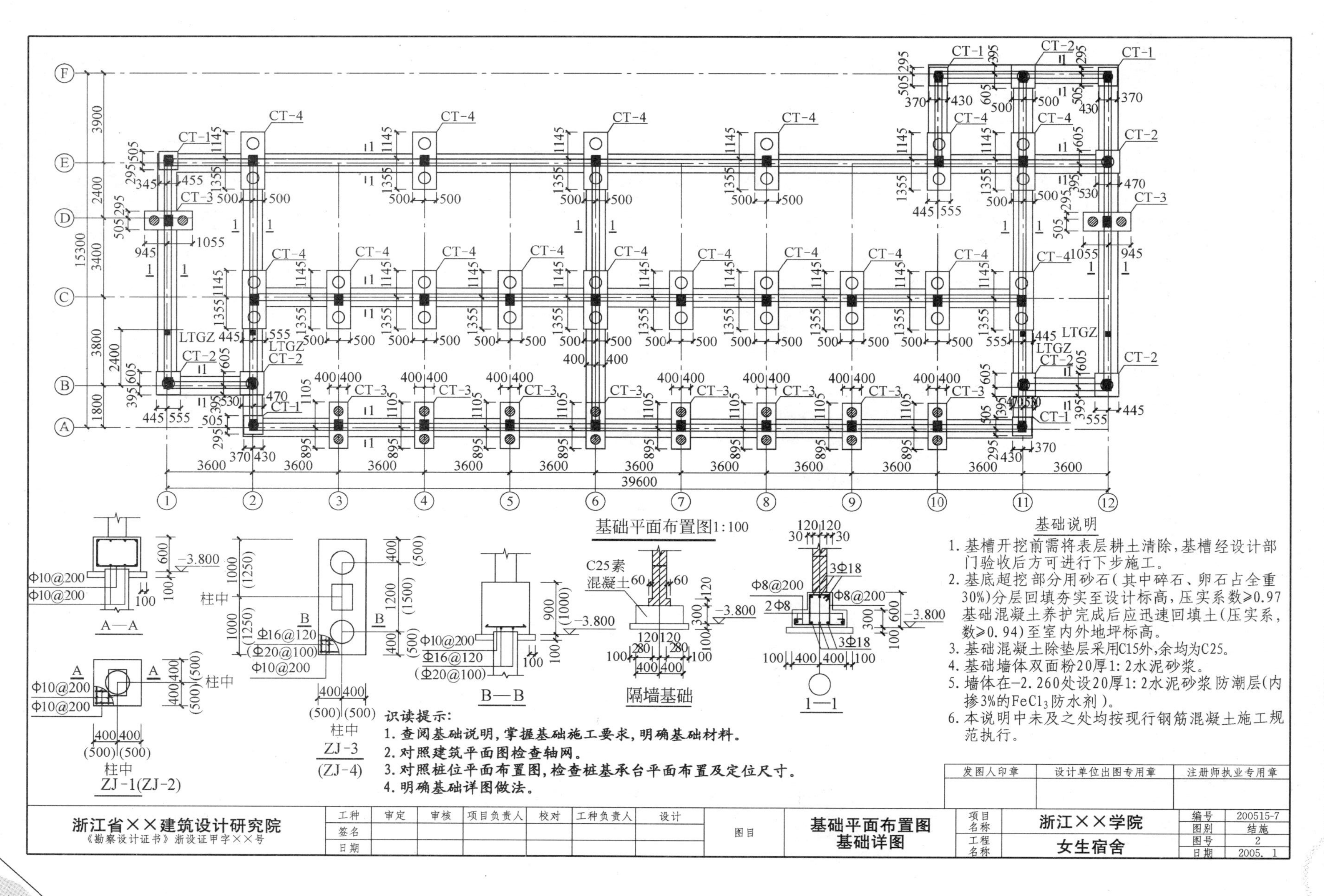
基础平面布置图1:100
基础说明
1. 基槽开挖前需将表层耕土清除，基槽经设计部门验收后方可进行下步施工。
2. 基底超挖部分用砂石（其中碎石、卵石占全重30%）分层回填夯实至设计标高，压实系数≥0.97基础混凝土养护完成后应迅速回填土（压实系数≥0.94）至室内外地坪标高。
3. 基础混凝土除垫层采用C15外，余均为C25。
4. 基础墙体双面粉20厚1:2水泥砂浆。
5. 墙体在-2.260处设20厚1:2水泥砂浆防潮层（内掺3%的$FeCl_3$防水剂）。
6. 本说明中未及之处均按现行钢筋混凝土施工规范执行。
识读提示：
1. 查阅基础说明，掌握基础施工要求，明确基础材料。
2. 对照建筑平面图检查轴网。
3. 对照桩位平面布置图，检查桩基承台平面布置及定位尺寸。
4. 明确基础详图做法。
A—A
ZJ-1(ZJ-2)
ZJ-3
(ZJ-4)
B—B
C25素混凝土
隔墙基础
1—1
浙江省××建筑设计研究院
《勘察设计证书》浙设证甲字××号
基础平面布置图
基础详图
浙江××学院
女生宿舍
编号 200515-7
图别 结施
图号 2
日期 2005.1

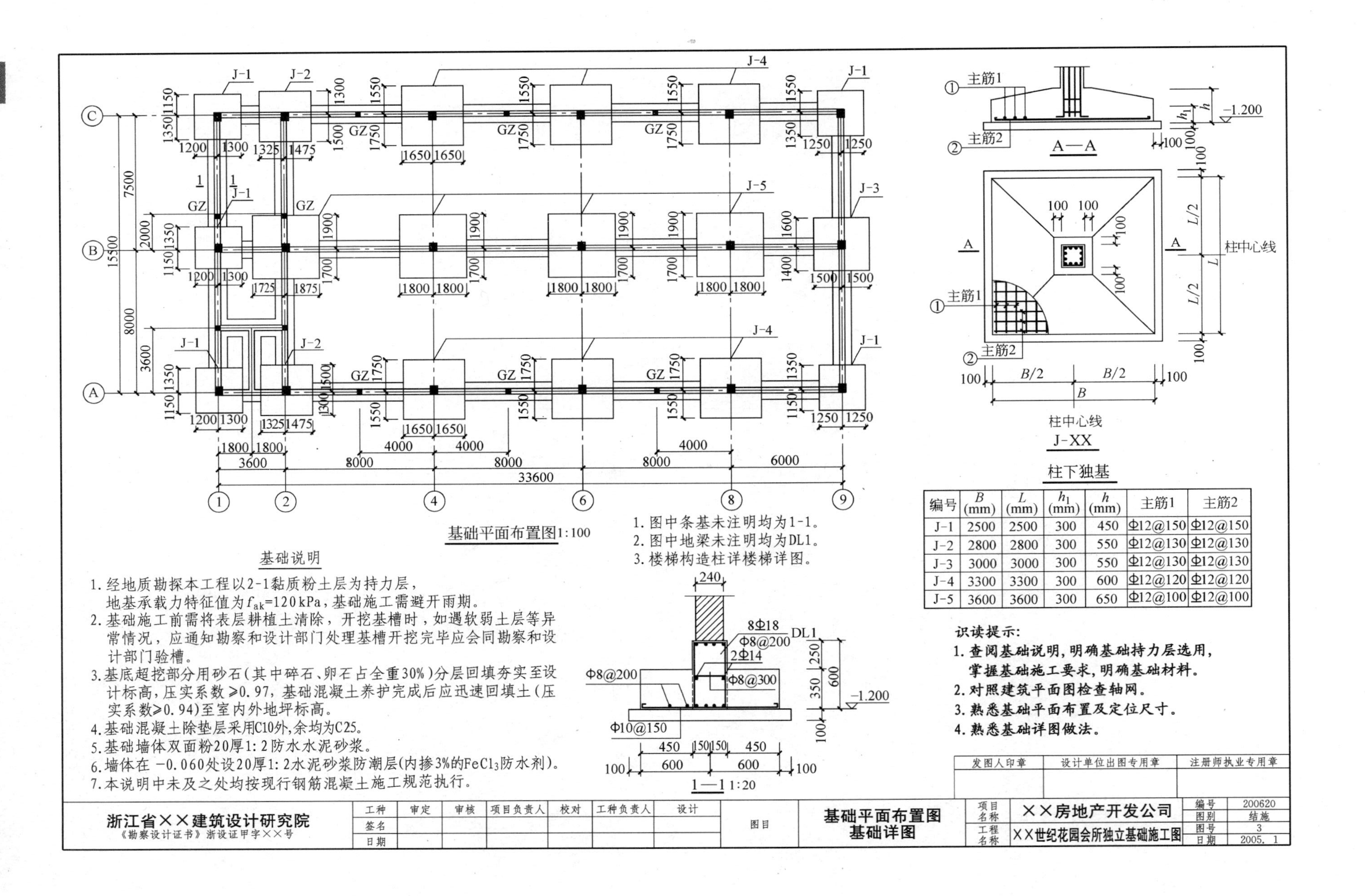

1. 图中条基未注明均为1-1。
2. 图中地梁未注明均为DL1。
3. 楼梯构造柱详楼梯详图。

基础说明

1. 经地质勘探本工程以2-1黏质粉土层为持力层，地基承载力特征值为f_{ak}=120kPa，基础施工需避开雨期。
2. 基础施工前需将表层耕植土清除，开挖基槽时，如遇软弱土层等异常情况，应通知勘察和设计部门处理基槽开挖完毕应会同勘察和设计部门验槽。
3. 基底超挖部分用砂石(其中碎石、卵石占全重30%)分层回填夯实至设计标高，压实系数≥0.97，基础混凝土养护完成后应迅速回填土(压实系数≥0.94)至室内外地坪标高。
4. 基础混凝土除垫层采用C10外，余均为C25。
5. 基础墙体双面粉20厚1:2防水水泥砂浆。
6. 墙体在 -0.060处设20厚1:2水泥砂浆防潮层(内掺3%的$FeCl_3$防水剂)。
7. 本说明中未及之处均按现行钢筋混凝土施工规范执行。

柱下独基

编号	B (mm)	L (mm)	h_1 (mm)	h (mm)	主筋1	主筋2
J-1	2500	2500	300	450	Φ12@150	Φ12@150
J-2	2800	2800	300	550	Φ12@130	Φ12@130
J-3	3000	3000	300	550	Φ12@130	Φ12@130
J-4	3300	3300	300	600	Φ12@120	Φ12@120
J-5	3600	3600	300	650	Φ12@100	Φ12@100

识读提示：

1. 查阅基础说明，明确基础持力层选用，掌握基础施工要求，明确基础材料。
2. 对照建筑平面图检查轴网。
3. 熟悉基础平面布置及定位尺寸。
4. 熟悉基础详图做法。

2.2.3 基础部分有关规定与构造

（1）扩展基础系指柱下钢筋混凝土独立基础和墙下钢筋混凝土条形基础。扩展基础的构造，应符合下列要求：

1）锥形基础的边缘高度，不宜小于200mm；阶梯形基础的每阶高度，宜为300～500mm；

2）垫层的厚度不宜小于70mm，垫层混凝土强度等级应为C15；

3）扩展基础底板受力钢筋的最小直径不宜小于10mm；间距不宜大于200mm，也不宜小于100mm。墙下钢筋混凝土条形基础纵向分布钢筋的直径不小于8mm；间距不大于300mm；每延米分布钢筋的面积应不小于受力钢筋面积的1/10。当有垫层时钢筋保护层的厚度不小于40mm；无垫层时不小于70mm；

4）混凝土强度等级不应低于C20；

5）当柱下钢筋混凝土独立基础的边长和墙下钢筋混凝土条形基础的宽度大于或等于2.5m时，底板受力钢筋的长度可取边长或宽度的0.9倍，并宜交错布置。

（2）柱下条形基础的构造，应符合下列规定：

1）柱下条形基础梁的高度宜为柱距的1/8～1/4。翼板厚度不应小于200mm。当翼板厚度大于250mm时，宜采用变厚度翼板，其坡度宜小于或等于1∶3；

2）条形基础梁顶部和底部的纵向受力钢筋除满足计算要求外，顶部钢筋按计算配筋全部贯通，底部通长钢筋不应少于底部受力钢筋截面总面积的1/3；

3）柱下条形基础的混凝土强度等级，不应低于C20。

（3）筏形基础的混凝土强度等级不应低于C30。当有地下室时应采用防水混凝土，防水混凝土的抗渗等级应根据地下水的最大水头与防渗混凝土厚度的比值，按现行《地下工程防水技术规范》GB 50108—2001选用，但不应小于0.6MPa（P6）。

（4）采用筏形基础的地下室，地下室钢筋混凝土外墙厚度不应小于250mm，内墙厚度不应小于200mm。墙体内应设置双面钢筋，竖向和水平钢筋的直径不应小于12mm，间距不应大于300mm。

（5）12层以上建筑的梁板式筏基，其底板厚度与最大双向板格的短边净跨之比不应小于1/14，且板厚不应小于400mm。当筏板的厚度大于2000mm时，宜在板厚中间部位设置直径不小于12mm，间距不大于200mm的双向钢筋网。

（6）框架单独柱基有下列情况之一时，宜沿两个主轴方向设置基础连系梁：

1）一级框架和Ⅳ类场地的二级框架。

2）各柱基承受的重力荷载代表值差别较大。

3）基础埋置较深，或各基础埋置深度差别较大。

4）地基主要受力层范围内存在软弱黏性土层、液化土层和严重不均匀土层。

（7）桩和桩基的构造，应符合下列要求：

1）桩的中心距：桩的最小中心距应符合表2-2的规定。对于大面积桩群，尤其是挤土桩，桩的最小中心距宜按表列值适当加大。

2）扩底灌注桩除应符合上表的要求外，尚应满足表2-3的规定。

桩的最小中心距 表 2-2

土类与成桩工艺		排数不少于3排且桩数不少于9根的摩擦型桩基	其他情况
非挤土与部分挤土桩灌注桩		$3.0d$	$2.5d$
挤土桩灌注桩	穿越非饱和土	$3.5d$	$3.0d$
	穿越饱和软土	$4.0d$	$3.5d$
挤土桩预制桩		$3.5d$	$3.0d$
打入式敞口管H型钢桩		$3.5d$	$3.0d$

注：d-圆桩直径或方桩边长。

扩底灌注桩最小中心距 表 2-3

成桩方法	最小中心距
钻、挖孔灌注桩	$1.5D+1$m（当 $D>2$m 时）
沉管夯扩灌注桩	$2.0D$

注：D-扩大端设计直径。

3）桩端全断面进入持力层的深度，对于黏性土、粉土不宜小于 $2d$，砂土不宜小于 $1.5d$，碎石类土不宜小于 $1d$。当存在软弱下卧层时，桩基以下硬持力层厚度不宜小于 $4d$。嵌岩灌注桩周边嵌入完整和较完整的未风化、微风化、中风化硬质岩体的最小深度不宜小于 0.5m。

4）预制桩的混凝土强度等级不应低于 C30；灌注桩不应低于 C20；预应力桩不应低于 C40。

5）配筋长度：

① 桩基承台下存在淤泥、淤泥质土或液化土层时，配筋长度应穿过淤泥、淤泥质土层或液化土层；

② 坡地岸边的桩、8 度及 8 度以上地震区的桩、抗拔桩、嵌岩端承柱应通长配筋；

③ 桩径大于 600mm 的钻孔灌注桩，构造钢筋的长度不宜小于桩长的 2/3。

6）桩顶嵌入承台内的长度对大直径桩（$d\geqslant800$mm）不宜小于 100mm，对中小直径的桩不宜小于 50mm。主筋伸入承台内的锚固长度不宜小于钢筋直径（HPB235）的 30 倍和钢筋直径（HRB335、HRB400）的 35 倍。对于大直径灌注桩，当采用一柱一桩时，可设置承台或将桩和柱直接连接。

（8）单桩竖向承载力特征值应通过单桩竖向静载荷试验确定。在同一条件下的试桩数量，不宜少于总桩数的 1%，且不应少于 3 根。当桩端持力层为密实砂卵石或其他承载力类似的土层时，对单桩承载力很高的大直径端承型桩，可采用深层平板载荷试验确定桩端土的承载力特征值。

（9）桩基承台的构造应符合下列要求：

1）承台的宽度不应小于 500mm。边桩中心至承台边缘的距离不宜小于桩的直径或边长，且桩的外边缘至承台边缘的距离不小于 150mm。对于条形承台梁，桩的外边缘至承台梁边缘的距离不小于 75mm。

2）承台的最小厚度距离不小于 300mm。

3）承台的配筋，对于矩形承台其钢筋应按双向均匀通长布置，钢筋直径不宜小于 10mm，间距不宜大于 200mm；对于三桩承台，钢筋应按三向板带均匀布置，且最里面的三根钢筋围成的三角形应在柱截面范围内。承台梁的主筋直径不宜小于 12mm，架立筋直径不宜小于 10mm，箍筋直径不宜小于 6mm。

4）承台混凝土强度等级不应低于 C20，纵向钢筋的混凝土保护层厚度不应小于 70mm，当有混凝土垫层时，不应小于 40mm。

（10）承台之间的连接应符合下列要求：

1）单桩承台，宜在两个互相垂直的方向上设置连系梁；

2）两桩承台，宜在其短向设置连系梁；

3）有抗震要求的柱下独立承台，宜在两个主轴方向设置连系梁；

4）连系梁顶面宜与承台位于同一标高。连系梁的宽度不应小于 250mm，梁的高度可取承台中心距的 1/15～1/10；

5）连系梁的主筋应按计算要求确定。连系梁内上下纵向钢筋直径不应小于 12mm 且不应少于 2 根，并应按受拉要求锚入承台。

（11）基础应有一定的埋置深度。在确定埋置深度时，应考虑建筑物的高度、体形、地基土质、抗震设防烈度等因素。埋置深度可从室外地面算至基础底面，并宜符合下列要求：

1）天然地基或复合地基，可取房屋高度的 1/15；

2）桩基础，可取房屋高度的 1/18（桩长不计在内）。

2.3 柱平法施工图的识读

2.3.1 柱平法施工图制图规则

1. 柱平法施工图的表示方法

柱平法施工图是在柱平面布置图上采用列表注写方式或断面注写方式来表达的施工图。

2. 列表注写方式

在柱平面布置图上，先对柱进行编号，然后分别在同一编号的柱中选择一个（当柱断面与轴线关系不同时，需选几个）断面注写几何参数代号（b_1、b_2、h_1、h_2）；在柱表中注写柱号、柱段起止标高、几何尺寸（含柱断面对轴线的情况）与配筋的具体数值，并配以各种柱断面形状及其箍筋类型图的方式，来表达柱平法施工图。

3. 断面注写方式

在分标准层绘制的柱平面布置图的柱断面上，分别在同一编号的柱中选择一个断面，以直接注写断面尺寸和配筋具体数值的方式来表达柱平法施工图。

4. 当柱与填充墙需要拉结时，设计者应绘制构造详图。

2.3.2 柱平法施工图识读示例

识读方法：先校对平面，后校对构件；先阅读各构件，再查阅节点与连接。

识读步骤：

（1）阅读结构设计说明中的有关内容。

（2）检查各柱的平面布置与定位尺寸。查对各柱的平面布置与定位尺寸是否正确。特别应注意变截面处，截面与轴线的关系。

（3）从图中（断面注写方式）及表中（列表注写方式）逐一检查柱的编号、起止标高、断面尺寸、纵筋、箍筋、混凝土的强度等级。

下面以浙江××学院女生宿舍工程的柱平面布置图为例进行识读。

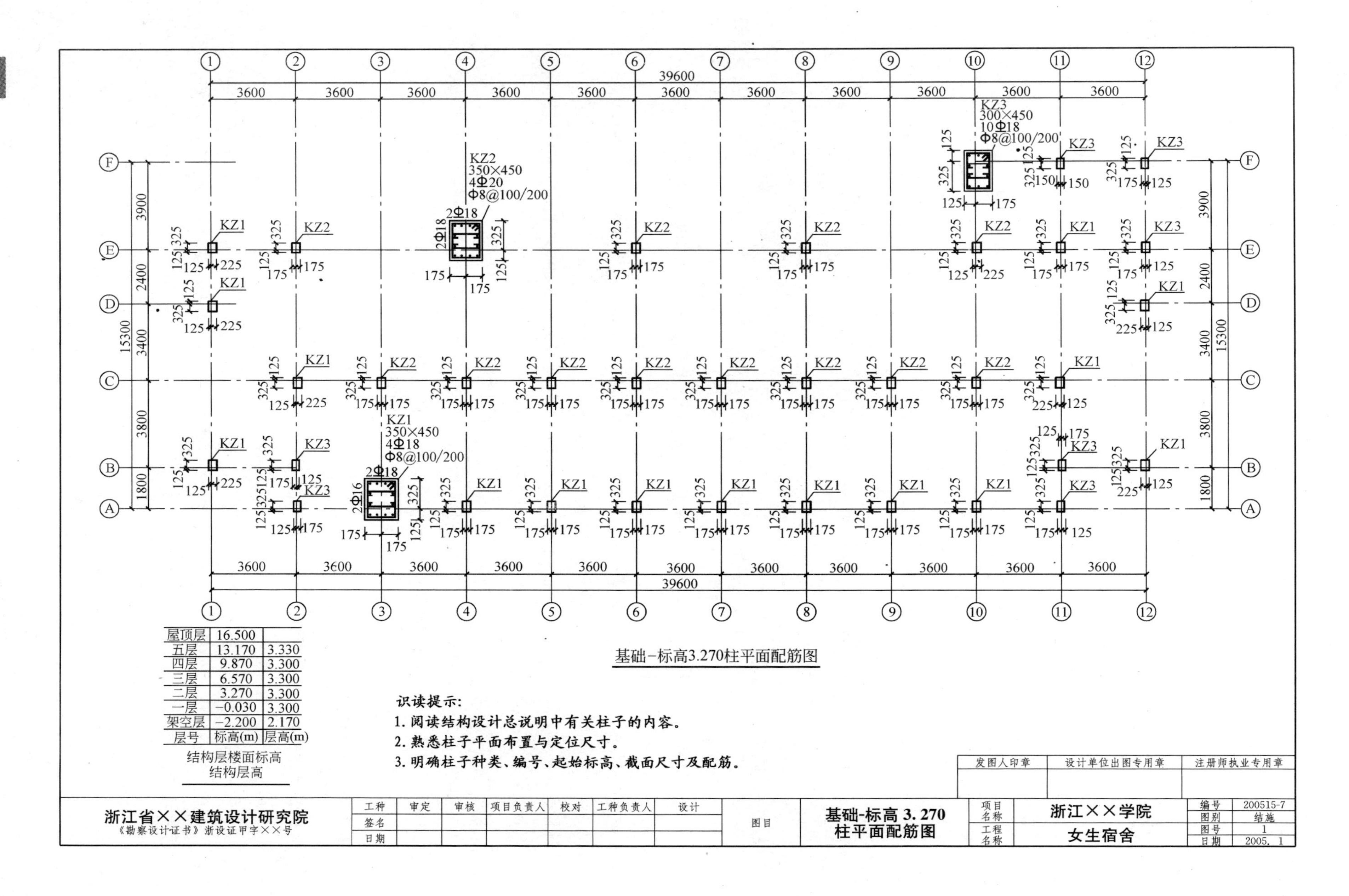
基础-标高3.270柱平面配筋图
KZ1
350×450
4Φ18
Φ8@100/200
KZ2
350×450
4Φ20
Φ8@100/200
KZ3
300×450
10Φ18
Φ8@100/200
39600
15300

层号	标高(m)	层高(m)
屋顶层	16.500	
五层	13.170	3.330
四层	9.870	3.300
三层	6.570	3.300
二层	3.270	3.300
一层	−0.030	3.300
架空层	−2.200	2.170

结构层楼面标高
结构层高

识读提示：
1. 阅读结构设计总说明中有关柱子的内容。
2. 熟悉柱子平面布置与定位尺寸。
3. 明确柱子种类、编号、起始标高、截面尺寸及配筋。

浙江省××建筑设计研究院
《勘察设计证书》浙设证甲字××号
工种 审定 审核 项目负责人 校对 工种负责人 设计
签名
日期
图目
基础-标高 3.270
柱平面配筋图
项目名称 浙江××学院
工程名称 女生宿舍
编号 200515-7
图别 结施
图号 1
日期 2005. 1
发图人印章
设计单位出图专用章
注册师执业专用章

2.3.3 柱有关规定与构造

（1）柱中箍筋和构造钢筋的保护层厚度不应小于15mm。

（2）当梁、柱中纵向受力钢筋的混凝土保护层厚度大于40mm时，应对保护层采取有效的防裂构造措施。

（3）柱中纵向受力钢筋应符合下列规定：

1）纵向受力钢筋的直径不宜小于12mm，全部纵向钢筋的配筋率不宜大于5%；圆柱中纵向钢筋宜沿周边均匀布置，根数不宜少于8根，且不应少于6根；

2）当偏心受压柱的截面高度$h \geqslant 600$mm时，在柱的侧面上应设置直径为10～16mm的纵向构造钢筋，并相应设置复合箍筋或拉筋；

3）柱中纵向受力钢筋的净间距不应小于50mm；对水平浇筑的预制柱，其纵向钢筋的最小净间距可按梁的有关规定取用；

4）在偏心受压柱中，垂直于弯矩作用平面的侧面上的纵向受力钢筋以及轴心受压柱中各边的纵向受力钢筋，其中距不宜大于300mm。

（4）柱中箍筋应符合下列规定：

1）柱及其他受压构件中的周边箍筋应做成封闭式；对圆柱中的箍筋，搭接长度不应小于《混凝土结构设计规范》第9.3.1条规定的锚固长度，且末端应做成135°弯钩，弯钩末端平直段长度不应小于箍筋直径的5倍（03G 101-1标准图规定为$10d$，≥75mm）；

2）箍筋间距不应大于400mm及构件截面的短边尺寸，且不应大于$15d$，d为纵向受力钢筋的最小直径；

3）箍筋直径不应小于$d/4$，且不应小于6mm，d为纵向钢筋的最大直径；

4）当柱中全部纵向受力钢筋的配筋率大于3%时，箍筋直径不应小于8mm，间距不应大于纵向受力钢筋最小直径的10倍，且不应大于200mm；箍筋末端应做成135°弯钩且弯钩末端平直段长度不应小于箍筋直径的10倍；箍筋也可焊成封闭环式；

5）当柱截面短边尺寸大于400mm且各边纵向钢筋多于3根时，或当柱截面短边尺寸不大于400mm但各边纵向钢筋多于4根时，应设置复合箍筋；

6）柱中纵向受力钢筋搭接长度范围内的箍筋间距应符合《混凝土结构设计规范》第9.4.5条的规定。

2.4 剪力墙平法施工图的识读

2.4.1 剪力墙平法施工图制图规则

剪力墙平法施工图系在剪力墙平面布置图上采用断面注写方式或列表注写方式表达。

剪力墙平面布置图可按结构标准层采用适当比例单独绘制。当剪力墙比较简单且采用列表注写方法时也可与柱平面布置图合并绘制。对于轴线未居中的剪力墙（包括端柱），应标注其偏心定位尺寸。

在剪力墙平法施工图中，应按规定注明各结构层的楼面标高、结构层高及相应的结构层号。

1. 列表注写方式

为便于简便、清楚地表达，剪力墙可视为由剪力墙柱、剪力墙身和剪力墙梁三类构件构成。

列表注写方式，系对应于剪力墙平面布置图上的编号，分别在剪力墙柱表、剪力墙身表和剪力墙梁表中，用绘制断面配筋图并注写几何尺寸与配筋具体数值的方式，来表达剪力墙平法施工图。

2. 断面注写方式

在分标准层绘制的剪力墙平面布置图上，以直接在墙柱、墙身、墙梁上注写断面尺寸和配筋具体数值的方式来表达剪力墙平法施工图。

3. 剪力墙洞口的表示方法

（1）无论采用列表注写方式还是断面注写方式，剪力墙上洞口位置均在剪力墙体布置图上原位表达（采用加阴影线表示）。

（2）洞口的表示方法为：

1）在剪力墙平面图上绘制洞口示意，并标注洞口中心的平面定位尺寸：

2）在洞口中心位置引注：①洞口编号（矩形洞口为 JD××，圆形洞口为 YD××，××表示序号）；②洞口几何尺寸（矩形为洞口宽 b×洞高 h，圆形洞口为洞口直径 D）；③洞口中心相对标高（洞口中心比楼（地）面结构标高高时为正值，反之为负值）；④洞口边的补强钢筋。

4. 其他

（1）对于一、二级抗震等级的剪力墙，应注明底部加强区在剪力墙平法施工图中的所在部位及高度范围。

（2）当剪力墙中有偏心受拉墙肢时，竖向钢筋均应采用机械连接或焊接接长，并在设计图中注明。

（3）剪力墙与填充墙需要拉接时，应绘制构造详图。

2.4.2 剪力墙平法施工图识读示例

识读方法：先校对平面，后校对构件；根据构件类型，分类逐一阅读；先阅读各构件，再查阅节点与连接。

识读步骤：

（1）阅读结构设计说明中的有关内容。明确底部加强区在剪力墙平法施工图中的所在部位及高度范围。

（2）检查各构件的平面布置与定位尺寸。查对剪力墙各构件的平面布置与定位尺寸是否正确。特别应注意变截面处，上下截面与轴线的关系。

（3）从图中（断面注写方式）及表中（列表注写方式）检查剪力墙身、剪力墙柱、剪力墙梁的编号、起止标高（或梁面标高）、断面尺寸、配筋。

（4）其他承重构件与剪力墙的连接，剪力墙与填充墙拉结。

下面以××房地产开发公司-××世纪花园剪力墙平法配筋图为例进行识读。

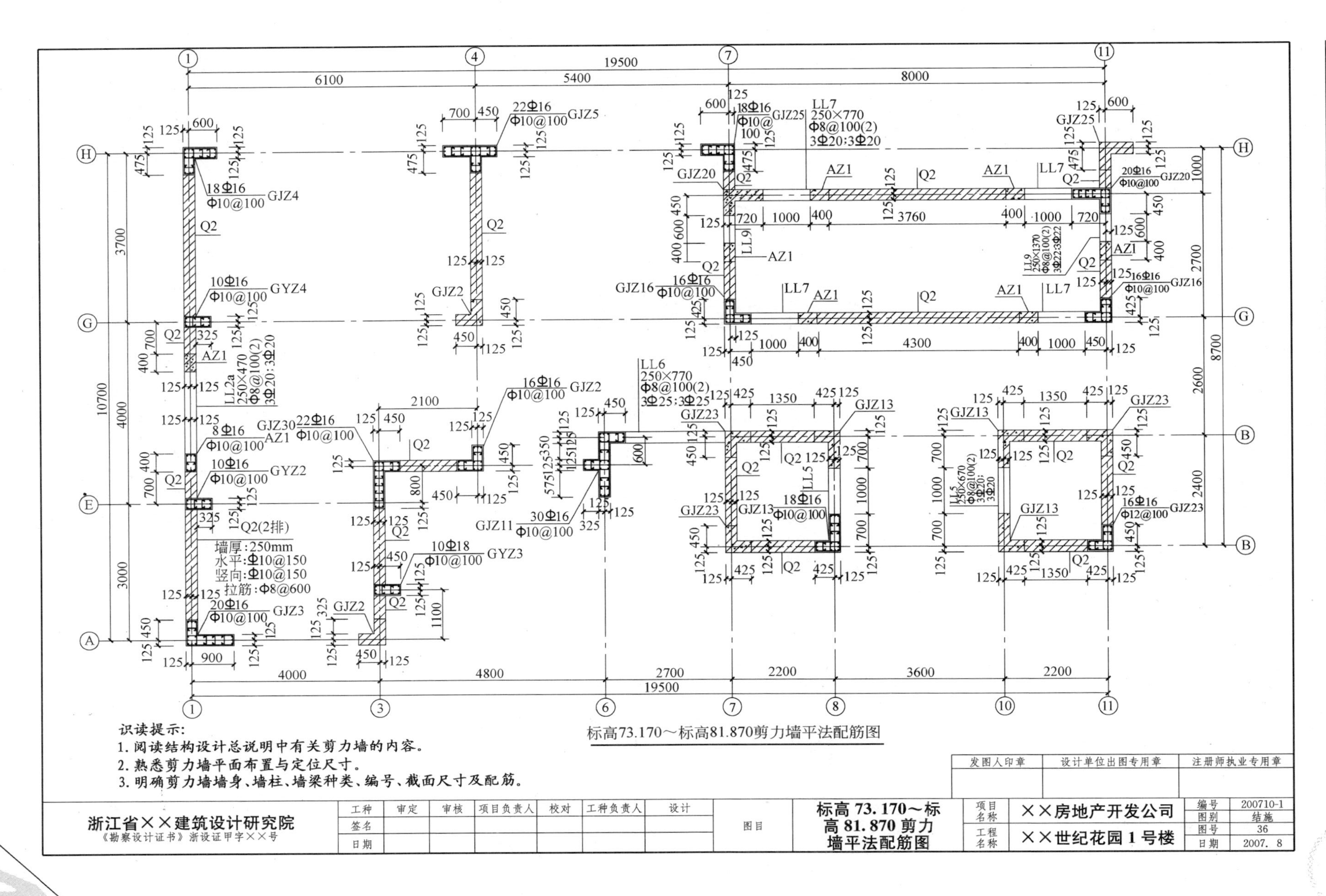
标高73.170～标高81.870剪力墙平法配筋图
识读提示：
1. 阅读结构设计总说明中有关剪力墙的内容。
2. 熟悉剪力墙平面布置与定位尺寸。
3. 明确剪力墙墙身、墙柱、墙梁种类、编号、截面尺寸及配筋。
浙江省××建筑设计研究院
《勘察设计证书》浙设证甲字××号
标高73.170～标高81.870剪力墙平法配筋图
××房地产开发公司
××世纪花园1号楼
200710-1
结施
36
2007.8

2.4.3 剪力墙有关规定与构造

（1）当构件截面的长边（长度）大于其短边（厚度）的 4 倍时，宜按墙的要求进行设计。墙的混凝土强度等级不宜低于 C20。

（2）部分框支抗震墙结构的抗震墙，其底部加强部位的高度，可取框支层加框支层以上二层的高度及落地抗震墙总高度的 1/8 二者的较大值，且不大于 15m；其他结构的抗震墙，其底部加强部位的高度可取墙肢总高度的 1/8 和底部二层二者的较大值，且不大于 15m。

（3）高层建筑剪力墙的截面尺寸应满足下列要求：

1）按一、二级抗震等级设计的剪力墙的截面厚度，底部加强部位不应小于层高或剪力墙无支长度的 1/16，且不应小于 200mm；其他部位不应小于层高或剪力墙无支长度的 1/20，且不应小于 160mm。当为无端柱或翼墙的一字形剪力墙时，其底部加强部位截面厚度尚不应小于层高的 1/12；其他部位尚不应小于层高的 1/15，且不应小于 180mm。

2）按三、四级抗震等级设计的剪力墙的截面厚度，底部加强部位不应小于层高或剪力墙无支长度的 1/20，且不应小于 160mm；其他部位不应小于层高或剪力墙无支长度的 1/25，且不应小于 160mm。

3）非抗震设计的剪力墙，其截面厚度不应小于层高或剪力墙无支长度的 1/25，且不应小于 160mm。

4）短肢剪力墙截面厚度不应小于 200mm；短肢剪力墙是指墙肢截面高度与厚度之比为 5～8 的剪力墙，一般剪力墙是指墙肢截面高度与厚度之比大于 8 的剪力墙。

（4）较长的剪力墙宜开设洞口，将其分成长度较为均匀的若干墙段，墙段之间宜采用弱连梁连接，每个独立墙段的总高度与其截面高度之比不应小于 2；墙肢截面高度不宜大于 8m。

（5）高层建筑抗震设计时，一般剪力墙结构底部加强部位的高度可取墙肢总高度的 1/8 和底部两层二者的较大值，当剪力墙高度超过 150m 时，其底部加强部位的高度可取墙肢总高度的 1/10。

2.5 梁平法施工图的识读

2.5.1 梁平法施工图制图规则

梁平法施工图是在平面布置图上采用平面注写方式或断面注写方式来表达的施工图。

梁平面布置图，应分别按梁的不同结构层（标准层），将全部梁和其相关联的柱、墙、板一起采用适当比例绘制。

对于轴线未居中的梁，除梁边与柱边平齐外，应标注偏心定位尺寸。

在梁平法施工图中，应按规定注明各结构层的顶面标高及相应的结构层号。

1. 平面注写方式

在梁的平面布置图上，分别在不同编号的梁中各选出一根，在其上注写断面尺寸和配筋具体数量的方式来表达梁平面整体配筋。平面注写包括集中标注与原位标注，集中标注表达梁的通用数值，原位标注表达梁的特殊数值。当集中标注中某项数值不适用于梁的某部位时，则应将该项数值在该部位原位标注，施工时，按照原位标注取值优选原则。

2. 断面注写方式

断面注写方式，就是在分标准层绘制的梁平面布置图上，分别在不同编号的梁中各选择一根用断面剖切符号引出配筋图，并在其上注写断面尺寸和配筋具体数值的方式来表达梁平面整体配筋。断面注写方式既可单独使用，也可与平面注写方式结合使用。实际工程设计中，常采用平面注写方式，仅对其中梁布置过密的局部或为表达异形断面梁的截面尺寸及配筋时采用断面注写方式表达。

3. 其他规定

（1）为施工方便，凡框架梁的所有支座和非框架梁（不含井字梁）的中间支座上部纵筋的延伸长度 a_0 取为：第一排非贯通筋从柱（梁）边起延伸长度为 $1/3l_n$；第二排非贯通筋的延伸长度为 $1/4l_n$。l_n 对于端支座为本跨净跨；对于中间支座为相邻两跨较大跨的净跨值。有特殊要求时应予以注明。对于井字梁，其端部支座钢筋和中间支座上部纵筋的延伸长度 a_0 值，应由设计者在原位加注具体数值予以注明，采用平面注写方式时，则在原位标注支座上部纵筋后面括号内加注具体延伸长度值；当采用断面注写方式时，则在梁端截面配筋图上注写的上部纵筋后面括号内加注具体延伸长度值。井字梁纵横两个方向梁相交处同一层面钢筋上下的交错关系，以及在该相交处两个方向梁箍筋的布置要求，均由设计者注明。

（2）当两楼层之间设有层间梁时（如结构夹层位置处的梁），应将设置该部分梁的区域划出另行绘制结构平面布置图，然后在其上表达梁平法施工图。

（3）当梁与填充墙需拉结时，其构造详图由设计者补充绘制。

4. 梁平法施工图应表达的主要内容

（1）轴线网：轴线编号、轴线尺寸及总尺寸等，并应与对应的建施平面一致。

（2）各构件的布置，如柱（包括构造柱）、剪力墙、梁等，标注各梁的定位尺寸。

（3）梁的编号、断面尺寸、梁上部通长钢筋、箍筋、主梁附加横向钢筋、梁面相对标高等。

（4）断面剖切符号或索引符号。对于形状复杂的异形梁，常采用断面注写方式（或详图）表达。

（5）构件及节点详图和必要的文字说明。通用的节点、构件详图及施工要求一般在结构总说明中予以表达。详图与平面图不在同一张图纸上时应注明或改用索引符号索引出断面详图。

（6）按规定注明各结构层的顶面标高及相应的结构层号。

2.5.2 梁平法施工图识读示例

识读步骤：

（1）根据相应建施平面图，校对轴线网、轴线编号、轴线尺寸。

（2）检查梁的定位尺寸是否齐全、正确。

（3）仔细检查每一根梁编号、跨数、断面尺寸、配筋、相对标高。首先根据梁的支承情况、跨数分清主梁或次梁，检查跨数注写是否正确；若为主梁时应检查附加横向钢筋有无遗漏，断面尺寸、梁的标高是否满足次梁的支承要求；检查集中标注的梁面通长钢筋与原位标注的钢筋有无矛盾；梁的标注有无遗漏；检查楼梯间平台梁、平台板是否设有支座。异形断面梁还应结合断面详图看。

（4）若有管道穿梁，则应预留套管，并满足构造要求。

（5）注意梁的预埋件是否有遗漏（如有设备或外墙有装修要求时）。

下面以浙江××学院女生宿舍工程的二～五层梁平法施工图为例进行识读。

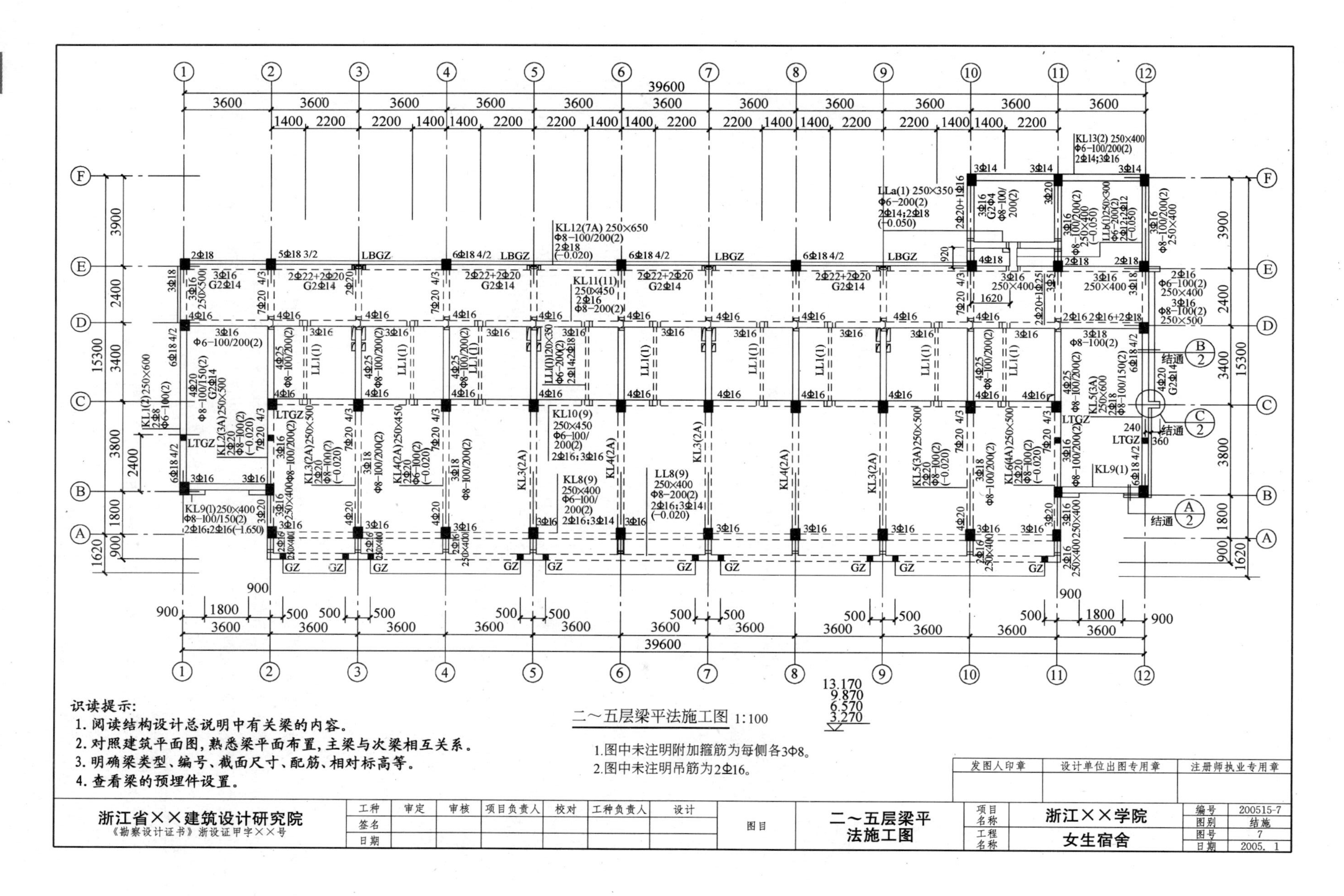
二～五层梁平法施工图 1:100
识读提示:
1. 阅读结构设计总说明中有关梁的内容。
2. 对照建筑平面图,熟悉梁平面布置,主梁与次梁相互关系。
3. 明确梁类型、编号、截面尺寸、配筋、相对标高等。
4. 查看梁的预埋件设置。
1.图中未注明附加箍筋为每侧各3Φ8。
2.图中未注明吊筋为2Φ16。
13.170
9.870
6.570
3.270
39600
15300
KL12(7A) 250×650
Φ8-100/200(2)
2Φ18
(-0.020)
KL11(11)
250×450
2Φ16
Φ8-200(2)
KL10(9)
250×450
Φ6-100/
200(2)
2Φ16;3Φ16
KL8(9)
250×400
Φ6-100/
200(2)
2Φ16;3Φ14
LL8(9)
250×400
Φ8-200(2)
2Φ16;3Φ14
(-0.020)
KL13(2) 250×400
Φ6-100/200(2)
2Φ14;3Φ16
LLa(1) 250×350
Φ6-200(2)
2Φ14;2Φ18
(-0.050)
KL9(1) 250×400
Φ8-100/150(2)
2Φ16;2Φ16(-1.650)
LTGZ
LBGZ
GZ
结通
发图人印章
设计单位出图专用章
注册师执业专用章
浙江省××建筑设计研究院
《勘察设计证书》浙设证甲字××号
工种
审定
审核
项目负责人
校对
工种负责人
设计
签名
日期
图目
二～五层梁平法施工图
项目名称
浙江××学院
工程名称
女生宿舍
编号 200515-7
图别 结施
图号 7
日期 2005.1

2.5.3 梁有关规定与构造

(1) 梁上部纵向钢筋水平方向的净间距(钢筋外边缘之间的最小距离)不应小于 30mm 和 $1.5d$(d 为钢筋的最大直径);下部纵向钢筋水平方向的净间距不应小于 25mm 和 d。梁的下部纵向钢筋配置多于两层时,两层以上钢筋水平方向的中距应比下面两层的中距增大一倍。各层钢筋之间的净间距不应小于 25mm 和 d。

(2) 对截面高度 $h>800$mm 的梁,其箍筋直径不宜小于 8mm;对截面高度 $h\leqslant800$mm 的梁,其箍筋直径不宜小于 6mm。梁中配有计算需要的纵向受压钢筋时,箍筋直径尚不应小于纵向受压钢筋最大直径的 0.25 倍。

(3) 当梁的腹板高度 $h_w\geqslant450$mm 时,在梁的两个侧面应沿高度配置纵向构造钢筋,每侧纵向构造钢筋(不包括梁上、下部受力钢筋及架立钢筋)的截面面积不应小于腹板截面面积 bh_w 的 0.1%,且其间距不宜大于 200mm、梁的宽度。

2.6 楼(屋)面结构平面图的识读

2.6.1 楼(屋)面结构平面图的表示方法

1. 楼(屋)面结构平面图的表示方法

楼(屋)面结构平面图是沿着楼板结构面将建筑物水平剖开,移去上部建筑物,所作的水平剖面图。用来表示楼(屋)面各构件的平面布置情况,同时用来反映现浇板的配筋。

楼屋面结构平面图中对剖到的柱、剪力墙等构件,一般用截面的外轮廓并涂黑表示,被楼板覆盖的不可见构件可采用虚线(习惯上也用细实线)表示出构件的边线。

2. 楼(屋)面结构平面图应表达以下内容

(1) 各结构标准层,梁、柱(包括构造柱)、剪力墙等承重构件的平面位置及构件的定位轴线,雨篷、挑檐、空调搁板等位置及尺寸,结构平面图的轴线网应与相应建筑平面一致,且注明图名,楼层号应与建施图统一。

若为装配式楼盖,应标明各区格板中预制板的类型、型号、数量。

若为现浇楼盖,应标明各区格板的板厚、板面标高及配筋;屋面采用结构找坡时,还应表示屋脊线的位置、屋脊及檐口处的结构标高、女儿墙或女儿墙构造柱的位置。

有圈梁时应注明位置、编号、标高,也可用小比例绘制单线平面示意图。

(2) 上人孔、烟道与通风道、管道等预留洞口的位置及尺寸,洞口周边加强筋等构造措施(也可在结构说明中表达)。装配式楼盖中的预留孔处应设置现浇板带,或构件预制时预留,一般不允许事后开洞。

(3) 楼梯间的结构布置一般另行绘制详图,结构平面图中可用双(或单)对角线表示楼梯编号(如 1 号搂梯、2 号楼梯……)。

(4) 所采用的混凝土强度等级(也可在结构总说明中统一注明)。

(5) 表示节点详图的剖切符号或索引符号。

(6) 必要的文字说明。

2.6.2 楼（屋）面结构平面图识读示例

识读步骤：

（1）对照相应建筑平面图，检查轴线编号、轴线尺寸、构件定位尺寸是否正确，有无遗漏。

（2）结合建施图检查各区格板四周梁、柱（构造柱）、剪力墙的布置是否正确。

（3）结合建施图查看楼、电梯间的位置、各种预留孔洞的位置、洞口加筋、水箱位置及编号是否正确，雨篷、挑檐、空调搁板等位置是否正确，有无遗漏。

（4）根据建施图的建筑标高和楼面粉刷做法，检查板面结构标高是否正确、标注有无遗漏。

（5）预制板楼（屋）盖时，应检查各区格板预制构件的数量、型号，明确板的搁置方向，板缝的大小应满足施工要求，当板支座处遇构造柱时，宜设置现浇板带。当预制板套用标准图时，应查阅标准图集，了解施工要求等。

（6）现浇板楼（屋）盖时，应检查各区格板板底钢筋、支座负筋以及分布钢筋的直径、间距、钢筋种类及支座负筋的切断点位置，看有无错误或遗漏。

（7）阅读说明及详图。阅读各详图的配筋、尺寸、标高等，并与建筑详图对照，检查有无矛盾。同时结合结构说明的阅读，全面并准确阅读楼（屋）面板结构平面图。

下面以浙江××学院女生宿舍工程的二～五层板配筋平面图为例进行识读。

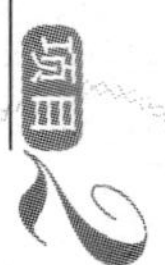

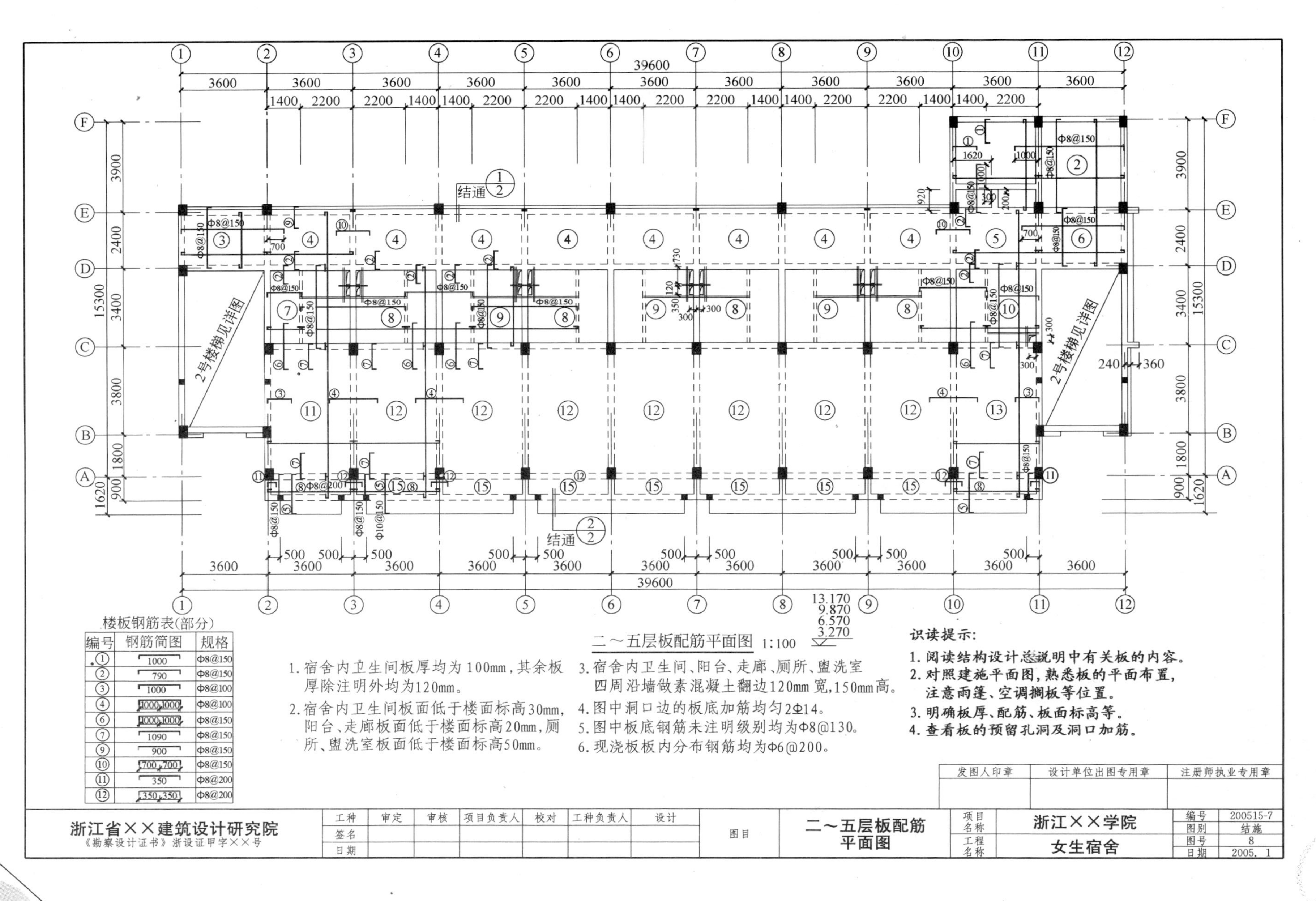

楼板钢筋表(部分)

编号	钢筋简图	规格
①	1000	Φ8@150
②	790	Φ8@150
③	1000	Φ8@100
④	1000,1000	Φ8@100
⑥	1000,1000	Φ8@150
⑦	1090	Φ8@150
⑨	900	Φ8@150
⑩	700,700	Φ8@150
⑪	350	Φ8@200
⑫	350,350	Φ8@200

2.6.3 楼（屋）面结构有关规定与构造

（1）板中受力钢筋的间距，当板厚 $h \leqslant 150$mm 时，不宜大于 200mm；当板厚 $h > 150$mm 时，不宜大于 1.5h，且不宜大于 250mm。

（2）在温度、收缩应力较大的现浇板区域内，钢筋间距宜取为 150～200mm，并应在板的未配筋表面布置温度收缩钢筋，温度收缩钢筋可利用原有钢筋贯通布置，也可另行设置构造钢筋网，并与原有钢筋按受拉钢筋的要求搭接或在周边构件中锚固。

（3）房屋高度超过 50m 时，框架-剪力墙结构、筒体结构及复杂高层建筑结构应采用现浇楼盖结构，剪力墙结构和框架结构宜采用现浇楼盖结构。

（4）普通地下室顶板厚度不宜小于 160mm；作为上部结构嵌固部位的地下室楼层的顶楼盖应采用梁板结构，楼板厚度不宜小于 180mm，混凝土强度等级不宜低于 C30，应采用双层双向配筋，且每层每个方向的配筋率不宜小于 0.25%。

2.7 结构详图的识读

2.7.1 楼梯详图

楼梯详图由楼梯平面图、楼梯剖面图、楼梯构件详图组成。

楼梯平面图反映楼梯踏步板、平台板、楼梯梁等构件的平面位置；楼梯剖面图反映楼梯踏步板、平台板、楼梯梁等构件沿高度方向的布置；楼梯构件详图反映楼梯梁、楼梯踏步板、平台板的截面尺寸及配筋。

楼梯详图识读步骤：

（1）阅读楼梯平面图：结合建筑楼梯详图，检查轴网、踏步宽度及级数、平台板、楼梯梁的平面布置是否正确。

（2）阅读楼梯剖面图：结合建筑楼梯详图，检查踏步高度及级数、平台板、楼梯梁沿高度方向的布置是否正确，标高是否正确。

（3）阅读楼梯构件详图：校对各构件截面尺寸、标高、编号等是否正确，再校对各构件的配筋情况，注意受拉区内折角的配筋构造是否符合要求。

（4）对于较复杂的楼梯，应重点检查楼梯的净高（水平向与斜向）是否满足设计强制性条文的规定。

（5）较长水平栏杆下的实心翻边设置是否满足设计规范有关规定。

下面以浙江××学院女生宿舍工程的 2 号板式楼梯为例进行识读。

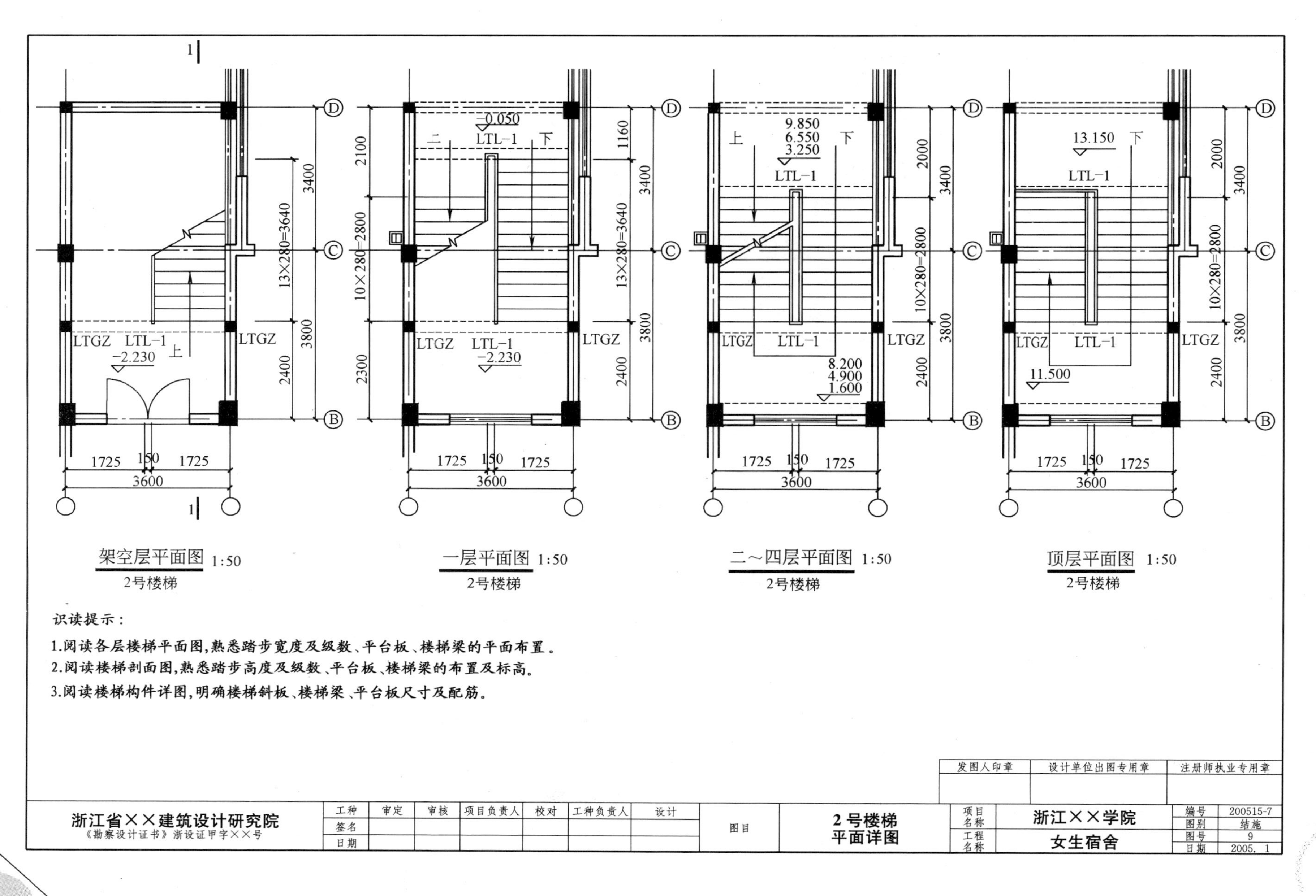
架空层平面图 1:50
2号楼梯
一层平面图 1:50
2号楼梯
二～四层平面图 1:50
2号楼梯
顶层平面图 1:50
2号楼梯
LTGZ
LTL-1
上
下
-2.230
-0.050
9.850
6.550
3.250
8.200
4.900
1.600
13.150
11.500
13×280=3640
10×280=2800
3400
3800
2400
2100
2300
2000
1160
1725
150
3600
识读提示：
1.阅读各层楼梯平面图,熟悉踏步宽度及级数、平台板、楼梯梁的平面布置。
2.阅读楼梯剖面图,熟悉踏步高度及级数、平台板、楼梯梁的布置及标高。
3.阅读楼梯构件详图,明确楼梯斜板、楼梯梁、平台板尺寸及配筋。
发图人印章
设计单位出图专用章
注册师执业专用章
浙江省××建筑设计研究院
《勘察设计证书》浙设证甲字××号
工种
签名
日期
审定
审核
项目负责人
校对
工种负责人
设计
图目
2号楼梯
平面详图
项目名称
浙江××学院
工程名称
女生宿舍
编号 200515-7
图别 结施
图号 9
日期 2005.1

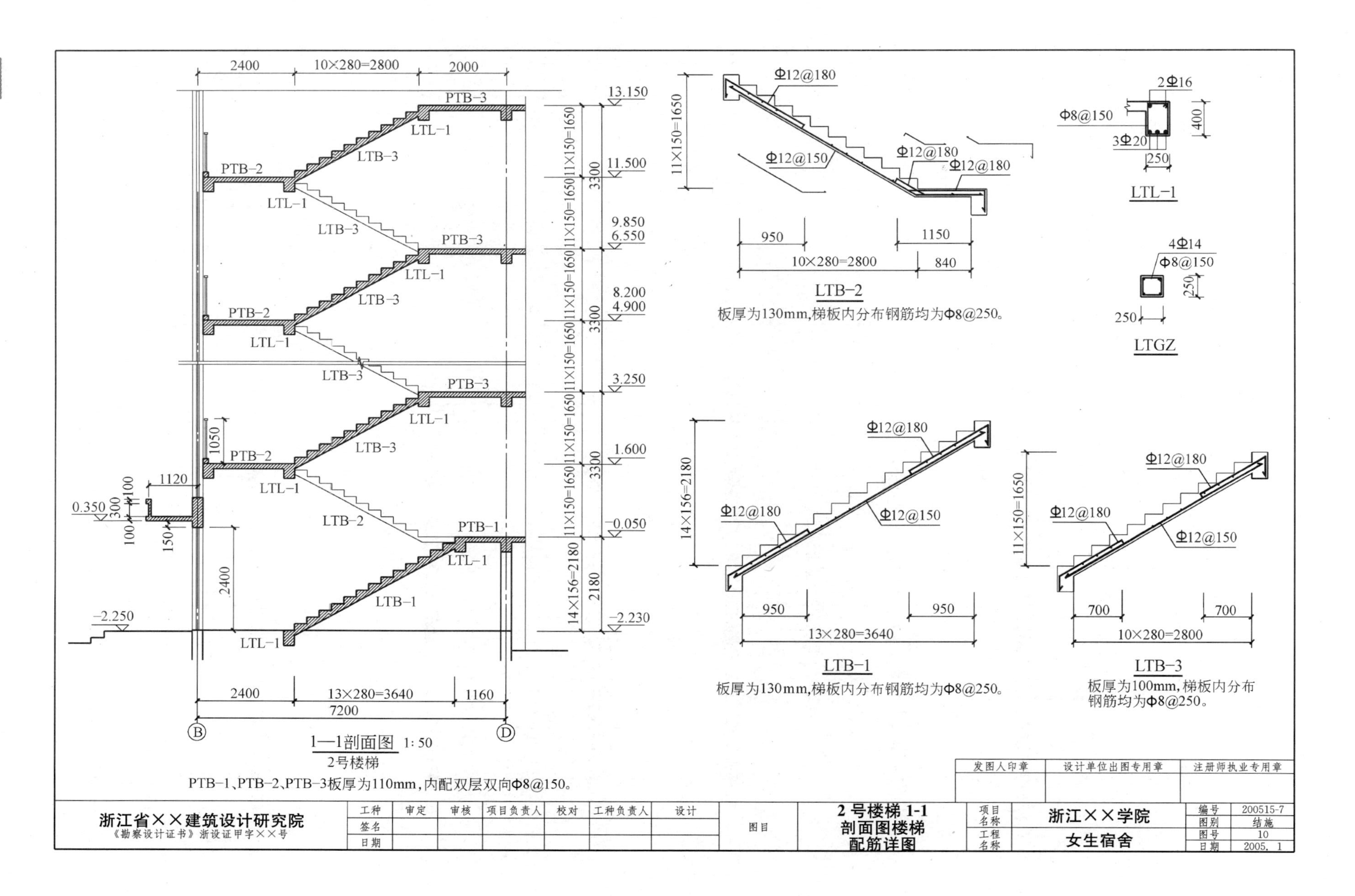
1—1剖面图 1:50
2号楼梯
PTB-1、PTB-2、PTB-3板厚为110mm，内配双层双向Φ8@150。
PTB-1
PTB-2
PTB-3
LTL-1
LTB-1
LTB-2
LTB-3
2400
10×280=2800
2000
13×280=3640
1160
7200
1120
1050
150
100
300
0.350
-2.250
-2.230
-0.050
1.600
3.250
4.900
6.550
8.200
9.850
11.500
13.150
3300
2180
14×156=2180
11×150=1650
LTB-2
板厚为130mm，梯板内分布钢筋均为Φ8@250。
Φ12@180
Φ12@150
950
1150
840
LTB-1
板厚为130mm，梯板内分布钢筋均为Φ8@250。
LTB-3
板厚为100mm，梯板内分布钢筋均为Φ8@250。
700
LTL-1
2Φ16
Φ8@150
3Φ20
250
400
LTGZ
4Φ14
Φ8@150
250
发图人印章
设计单位出图专用章
注册师执业专用章
浙江省××建筑设计研究院
《勘察设计证书》浙设证甲字××号
工种
审定
审核
项目负责人
校对
工种负责人
设计
签名
日期
图目
2号楼梯1-1
剖面图楼梯
配筋详图
项目名称
浙江××学院
工程名称
女生宿舍
编号 200515-7
图别 结施
图号 10
日期 2005.1

2.7.2 节点详图

当用平法制图规则无法准确表达某构件或节点的设计意图时，应绘制节点详图。

通用的节点详图一般可在结构设计总说明中表达；套用标准图集的构件，构件详图及节点详图可查阅有关标准图集；但是有些构件仍需单独绘制节点详图，比如檐沟、雨篷、线脚等。

节点详图识读步骤：

阅读节点详图时应对照相应的建筑详图，注意截面尺寸、配筋、标高是否正确，节点详图有无遗漏，结合结构平面图，检查平面索引位置及编号是否正确。

下面以浙江××学院女生宿舍工程的节点详图为例进行识读。

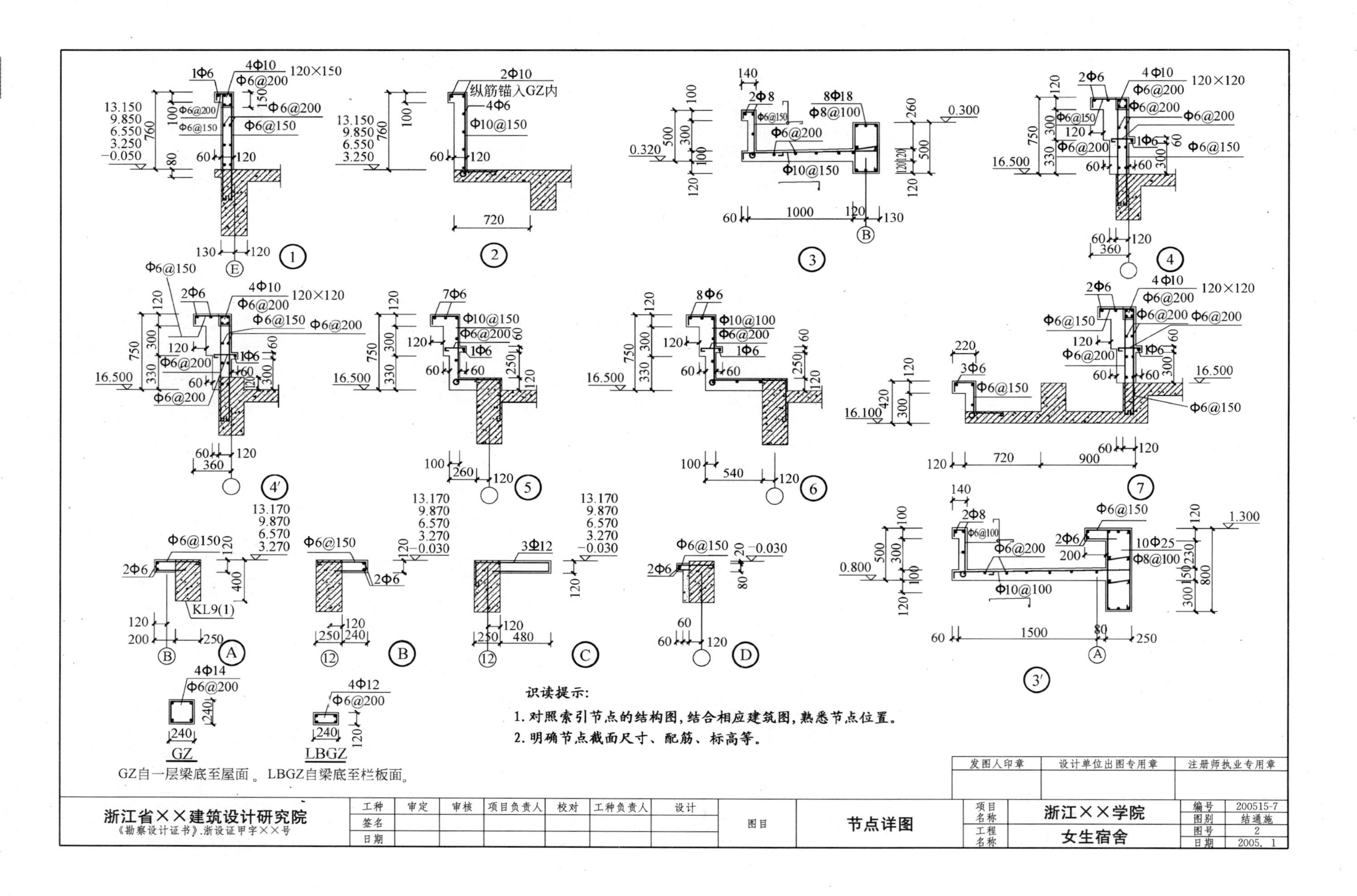

GZ
LBGZ
GZ自一层梁底至屋面 。LBGZ自梁底至栏板面。
纵筋锚入GZ内
KL9(1)
识读提示:
1. 对照索引节点的结构图,结合相应建筑图,熟悉节点位置。
2. 明确节点截面尺寸、配筋、标高等。
发图人印章
设计单位出图专用章
注册师执业专用章
浙江省××建筑设计研究院
《勘察设计证书》.浙设证甲字××号
工种
审定
审核
项目负责人
校对
工种负责人
设计
签名
日期
图目
节点详图
项目名称
浙江××学院
工程名称
女生宿舍
编号 200515-7
图别 结通施
图号 2
日期 2005. 1

XIANGMU

项目 3

给水排水施工图的识读

能力目标： 会查阅有关给水排水专业的规范条文，能正确识读给水排水施工图，理解设计意图。

单元 

给水排水施工图的基本知识

1.1 给水排水施工图概述

建筑给水排水就是供给建筑物内部所需的生活、生产和消防用水，并且把由此产生的生活污（废）水工业废水以及屋面的雨雪水有组织地、顺畅地排出至室外排水管网或水处理构筑物。给水排水施工图，就是通过图例和文字说明，把建筑物内给水排水设备的安装位置，给水排水管道的管材、规格、走向、连接以及安装方式以图纸的形式表达出来。给水排水施工图是建筑给水排水施工的依据，所以正确识读给水排水施工图，是充分理解设计者的思路和意图，并在施工过程中贯彻执行的关键。

1.2 给水排水系统的分类及组成

1.2.1 给水系统的分类

给水系统按用途可分为以下几大类：

(1) 生活给水系统：供给人们日常生活饮用、盥洗、洗涤、沐浴、烹饪等生活用水。其水质必须符合国家规定的饮用水标准。生活给水系统按供水水质的不同又可分为生活饮用水系统、直饮水系统和杂用水系统。生活给水系统按使用的水温不同又可分为生活冷水系统和生活热水系统。

(2) 生产给水系统：供给生产设备的冷却、原材料或产品的洗涤、各类产品生产过程中的工艺用水。由于生产设备和生产工艺的不同，生产用水对水质的要求不一，有的生产用水如冷却用水，是可以重复循环使用的。生产用水应根据工艺要求，提供所需的水质、水量、水压。

(3) 消防给水系统：供给消防设施的给水系统。它包括消火栓给水系统、自动喷淋灭火系统、水幕系统、水喷雾系统、泡沫灭火系统等，主要用于扑灭和控制火灾。消防用水对水质要求不高，但必须满足规范所要求的水量和水压。

1.2.2 给水系统的组成

给水系统一般由以下部分组成：

(1) 引入管：由室外给水管网（小区本身管网或城市市政管网）与建筑物内部相连的管段叫引入管。若该建筑物的水量为独立计量时，应装设计量水表和控制阀门。

(2) 建筑给水管网：将水输送至建筑物内各用水点的管道，由水平干管、立管、支管、分支管组成。

(3) 给水附件：用以控制或调节系统内水的流向、流量、压力，保证系统安全运行的附件。

按作用可分为调节附件、控制附件、安全附件。主要有各种阀门、过滤器、减压孔板、水流指示器、水泵接合器、报警阀组等。

(4) 给水设备：给水系统中用来贮藏水量、调节用水、升压稳压的设备。当室外给水管网的压力或水量不足时，或者建筑物对水压、用水安全有一定的要求时，需设置升压或贮水设备。给水设备主要包括水箱、水池、水泵、气压给水设备等。

(5) 配水设施：给水管网的终端，即用水设施。如水龙头、自动喷水灭火系统的喷头、消火栓、消防卷盘等。

(6) 计量仪表：用来显示给水系统中的流量、压力、温度、水位等的仪表。主要有水表、流量计、压力表、真空计、温度计、水位计等。

1.2.3 排水系统的分类

排水系统按所排污水的性质可分为以下几大类：

(1) 生活污水排水系统：

1) 粪便污水排水系统：排除大便器、小便器以及与此相似的卫生设备产生的污水的排水管道系统。

2) 生活废水排水系统：排除洗涤设备、沐浴设备、盥洗设备以及厨房等废水的排水管道系统。

3) 生活污水排水系统：生活废水与粪便污水合流的排水管道系统。

(2) 工业废水排水系统

1) 生产污水排水系统：排除生产过程被化学杂质和有机物污染的水，如含氰、酚、铬、酸、碱等生产污水。生产污水须经相应的工艺处理后，方可回用或排入市政下水道。

2) 生产废水排水系统：排除生产过程中被机械杂质（悬浮物和胶体）轻度污染或水温升高的水，如洗涤废水、冷却废水等。生产废水只须经简单处理即可回用或排放。

(3) 屋面雨水排放系统：排除降落在屋面的雨雪水的管道系统。

1.2.4 排水系统的组成

建筑物内部排水系统一般由以下部分组成：

(1) 污（废）水收集器：污（废）水收集器包括各种卫生设备、排放生产污（废）水的设备、雨水斗等，负责收集和接纳各种污（废）水、雨水，是室内排水系统的起点。

(2) 排水管道：包括器具支管、横支管、立管、排出管。

(3) 清通设备：包括检查口、清扫口、室内检查井、带清扫口的管配件等。清通设备是为了疏通管道，保证排水畅通。

(4) 通气管道：通气管的作用就是把管道中所产生的臭气及有毒有害气体及时排到大气中，并使管道在排放污水时的压力波动趋于平稳，与大气压力接近，保证卫生器具存水弯中的水封不受破坏。

(5) 提升设备：民用建筑的地下室、人防地下室、高层建筑地下技术层、工厂车间的地下室和地下铁道等地下建筑的污废水不能自流至室外检查井的，须设污废水提升设备。

(6) 污水局部处理构筑物：当建筑物内部污水未经处理不允许直接排入市政管网或水体时，须设污水局部处理构筑物。

建筑排水体制分为两种：分流制和合流制。分流制指生活污水和生活废水，生产污水和生产废水分别排出建筑物外，合流制指生活污水和生活废水，生产污水和生产废水合流排出建筑物外。排水体制的选择是根据污（废）水性质、污染程度、室外排水体制综合利用的可能性及水处理要求来确定的。

1.3 给水排水施工图的组成

给水排水施工图主要由以下部分组成：图纸目录、设计施工说明、图例、设备材料表、地下室给水排水平面图、底层给水排水平面图、楼层给水排水平面图、屋顶给水排水平面图、卫生间和设备详图、生活给水系统图、消火栓给水系统图、自动喷淋给水系统图、污废水排水系统图、雨水排水系统图等。当然，并非所有的给水排水施工图都包含以上内容，视具体情况有所增减。

1.4 常用给水排水强制性条文

给水排水施工图设计中涉及到的规范有很多，了解和熟悉常用的设计规范对识读施工图大有裨益。尤其是强制性条文，是必须严格遵守和执行的。建筑给水排水强制性条文主要有：

（1）生活给水系统的水质，应符合现行的国家标准《生活饮用水卫生标准》的要求。

（2）城市给水管道严禁与自备水源的供水管道直接连接。

（3）生活饮用水不得因管道产生虹吸回流而受污染，生活饮用水管道的配水件出水口应符合下列规定：

1）出水口不得被任何液体和杂质所淹没；

2）出水口高出承接用水容器溢流边缘的最小空气间隙，不得小于出水口直径的2.5倍；

3）特殊器具不能设置最小空气间隙时，应设置管道倒流防止器或采取其他有效的隔断措施。

（4）从给水管道上直接接出下列用水管道时，应在这些用水管道上设置管道倒流防止器或其他的有效防止倒流污染的装置：

1）单独接出消防用水管道时，在消防用水管的起端；

2）从城市给水管道上直接吸水的水泵，其吸水管的起端；

3）当游泳池、水上游乐池、按摩池、水景观赏池、循环冷却水集水池等的充水或补水管道出口与溢流水位之间的空气间隙小于出水口管径的2.5倍时，在充（补）水管上；

4）由城市给水管道直接向锅炉、热水机组、水加热器、气压水罐等有压容器或密闭容器注水的注水管上；

5）垃圾处理站、动物养殖场（含动物园的饲养展览区）的冲洗管道及动物饮水管道的起端；

6）绿地等自动喷灌系统，当喷头为地下式或自动升降式时，其管道起端；

7）从城市给水环网的不同管段接出引入管向居住小区供水，且小区供水管与城市供水管形成环状管网时，其引入管上（一般在总水表后）。

（5）严禁生活饮用水管与大便器（槽）直接连接。

(6) 埋地式生活饮用水贮水池周围 10m 以内，不得有化粪池、污水处理构筑物、渗水井、垃圾堆放点等污染源；周围 2m 以内不得有污水管和污染物。当达不到此要求时，应采取防污染措施。

(7) 建筑物内的生活饮用水水池（箱）体，应采用独立的结构形式，不得利用建筑物的本体结构作为水池（箱）的壁板、底板及顶盖。

生活饮用水池（箱）与其他用水水池（箱）并列设置时，应有各自独立的分隔墙，不得共用一幅分隔墙，隔墙与隔墙之间应有排水措施。

(8) 在非饮用水管道上接出水嘴或取水短管时，应采取防止误饮误用的措施。

(9) 室内给水管道不得布置在遇水会引起燃烧、爆炸的原料、产品和设备的上面。

(10) 构造内无存水弯的卫生器具与生活污水管道或其他可能产生有害气体的排水管道连接时，必须在排水口以下设存水弯。存水弯的水封深度不得小于 50mm。

(11) 室内排水管道不得布置在遇水会引起燃烧、爆炸的原料、产品和设备的上面。

(12) 排水横管不得布置在食堂、饮食业厨房的主副食操作烹调备餐的上方。当受条件限制不能避免时，应采取防护措施。

(13) 下列构筑物和设备的排水管不得与污废水管道系统直接连接，应采取间接排水的方式：

1) 生活饮用水贮水箱（池）的泄水管和溢流管；

2) 开水器、热水器排水；

3) 医疗灭菌消毒设备的排水；

4) 蒸发式冷却器、空调设备冷凝水的排水；

5) 贮存食品或饮料的冷藏库房的地面排水和冷风机溶霜水盘的排水。

(14) 室内排水沟与室外排水管道连接处，应设水封装置。

(15) 化粪池距地下取水构筑物不得小于 30m。

单元2

给水排水施工图的识读要点

给水排水施工图主要由文字部分和图示部分组成。文字部分包括图纸目录、设计施工说明、图例、设备材料表等，图示部分包括平面图、详图、系统图。阅读给水排水施工图时，应先看文字部分（主要指设计施工说明），了解工程概况。然后以系统为线索，把平面图系统图详图结合起来看，必要的时候要结合结构、建筑、电气、暖通的图纸对照看。给水系统从引入管开始阅读，顺水流方向，经干管、立管、横支管，到用水设备。排水系统从卫生设备开始，顺水流方向，经器具支管、横支管、立管，到排出管。

2.1 图纸目录与设计说明

目录一般包括两部分：设计人员绘制部分和选用的标准图部分。通过目录，我们对该份图纸有了一个最粗浅的认识，比对目录和图纸，看看是否有缺漏。

设计说明是把图示难以表达、或用文字描述更简单直接的部分用文字表达出来，主要内容包括：工程概况、设计范围及设计依据；供水压力和供水方式，是否分区；排水体制；消火栓系统，喷淋系统的设置情况；火火器配置情况；图中尺寸和标高所采用的单位（一般尺寸采用“mm”为单位，标高采用“m”为单位）；标高的形式（标高多采用相对标高，给水管以管中心计，排水管以管内底计）；管材；管道连接方式、捻口材料；管道的防腐、防结露以及保温的措施与做法；卫生器具的安装方式；施工注意事项；系统水压试验要求、污废水管的落水试验和雨水管的通球试验等。设计说明中的内容很直白，但涉及到的东西很多、很杂，需要仔细去阅读去理解。

图例在国家制图标准中是有明确规定和要求的。比如管道的线形、粗细、虚实；标高、管道编号、管径的标注形式；比如卫生器具、卫生设备及水池、管件、管道连接、阀门、给水配件、消防设施、小型给水排水构筑物等。设计人员绘制建筑给水排水施工图时，一般都采用现行制图标准中的图例，但也有根据自己的习惯自行设计部分图例的。因此，对照图例看图纸还是有必要的，以免发生误解。

图纸目录

工号 200515-7　　　工程名称浙江××学院　女生宿舍

序号	图　号	图　名	图幅	备　注
1	水施-1	建筑给水排水设计说明	A2	
2	水施-2	建筑给水排水施工图例	A2	
3	水施-3	架空层平面图	A2	
4	水施-4	一层平面图	A2	
5	水施-5	二～五层平面图	A2	
6	水施-6	屋顶层平面图	A2	
7	水施-7	卫生间大样　系统大样	A2	
8	水施-8	给水系统图　材料表	A2	
9	水施-9	排水系统图(一)	A2	
10	水施-10	排水系统图(二)	A2	
说明	1. 本目录由工种负责人填写，以图号为序，每格填一张。 2. 如采用通施图，应在本表中列出。 3. 如利用标准图，可在备注栏内注明。			

项目负责人＿＿＿＿＿＿＿＿　　　　工种负责人＿＿＿＿＿＿＿＿

完成日期2005年1月

给水排水设计说明

一、设计依据

1.《建筑给水排水设计规范》GB 50015—2003。
2.《建筑设计防火规范》GB 50016—2006。
3.《建筑灭火器配置设计规范》GB 50140—2005。

二、工程概况及设计范围

1. 本工程根据甲方提供的相关资料和土建专业提供的作业图进行设计。
2. 本工程为单体设计，底层平面图中的管线设计至室外1m。
3. 本工程为宿舍楼，体积小于10000m^3。
   本工程室内地面标高－2.200m，室外地坪标高－2.650m。
   本工程设计内容包括：给水系统，排水系统，雨水系统，灭火器设置。

三、给水排水设计

1. 给水系统
1.1 本工程市政供水压力0.28MPa。
1.2 生活用水由市政管网直接供给。
2. 排水系统
2.1 排水采用污废分流制。
2.2 室外废、污排水待总图确定。
2.3 通气管采用伸顶通气管。
3. 雨水系统
3.1 本工程设独立的雨水系统，雨水有组织排至底层，排入市政雨水道或通就近河流。室外雨污分流。
3.2 阳台排水单独排放。
3.3 除特殊说明外，组合型雨水斗均采用87型雨水斗。
4. 灭火器设置
4.1 火灾类型为A类，配置场所的危险等级为严重危险级。
4.2 采用5kg磷酸铵盐干粉灭火器。

四、施工说明

1. 管道安装高程：除特殊说明外，给水管以管中心计，排水管以管内底计。
2. 尺寸单位：除特殊说明外，标高为“m”，其余为“mm”。
3. 给水排水管道穿过现浇板、屋顶、剪力墙、柱子等处，均应预埋套管，有防水要求处应焊有防水翼环。套管尺寸：给水管一般比安装管大二档，排水管一般比安装管大一档。
4. 进出户管道穿过基础地梁时应预留孔洞（管顶上部净空一般不少于150mm），地梁高度不够时，应与结构专业协商，对地梁进行加高，加固处理。
5. 排水管和出户管连接应用两只45°弯头，90°弯须采用带检查口弯头，支管与主管连接采用顺水三通或斜三通。采用水封式地漏时，其水封高度不得小于50mm。
6. 排水横管坡度按标准坡度安装（注明者除外）。
   排水横支管的标准坡度为0.026。
   排水横干管的最小坡度如下：
   De160（外径） i＝0.003，De110（外径） i＝0.004，
   De75（外径） i＝0.010，De50（外径） i＝0.015。
7. 管道材料和防腐：
7.1 生活给水管采用衬塑镀锌钢管，丝扣连接。埋地金属管外防腐应做一道冷底子油，一道沥青涂层，外包玻璃丝布。
7.2 生活排水管、雨水管及空调冷凝水排水管采用PVC-U塑料管。
8. 管道安装：
8.1 法兰连接的管道由安装单位根据需要配置法兰，法兰公称压力应与阀门相符。
8.2 管道安装过程中，如遇有与其他管道或梁柱相碰的，可根据现场情况作适当调整。原则是有压让无压、小管让大管，管道施工应严格遵守有关给水排水施工验收规范。
8.3 给水排水管道安装支架或吊架，可参照03S 402图集，特殊的支架或吊架由安装单位现场确定，并符合施工验收规范。
8.4 排水管伸缩节安装，立管≤4m每层设一个伸缩节，横管2～4m设一伸缩节，具体做法参96S406。
9. 除有特殊说明外，标准图选用均按下列相应图集施工：
   室外消火栓：01S201；室内消火栓：04S202；水表井：JS5-2（二）；消防水泵结合器：99S203；
   雨水口：95S518；防水套管：02SS404；跌水井：02S515；
   卫生设备安装：99S304；医院卫生设备安装：92S303；
   建筑排水用聚氯乙烯PVC-U管道安装：96S406；
   聚氯乙烯雨落水管安装图：2000浙S7；
   建筑给水交联聚乙烯管，聚丙烯管安装图：2000浙S8；
   化粪池型号及位置待总图设计时确定。
10. 污废水、雨水管道施工完毕后，必须进行落水试验和通球试验。
11. 本工程施工及验收按《建筑给水排水和采暖工程施工质量验收规范》（GB 50242.2—2002），《建筑排水硬聚氯乙烯管道工程技术规程》（CJJ/T 29—98）有关规定进行，其余未及事项均按国家最新公布的有关规定执行。
12. 在满足使用要求和保持给水排水系统正常运行的前提下，应采用节水型卫生器具给水配件。

发图人印章	设计单位出图专用章	注册师执业专用章

浙江省××建筑设计研究院 《勘察设计证书》浙设证甲字××号	工种	审定	审核	项目负责人	校对	工种负责人	设计	图目	给水排水设计说明	项目名称	浙江××学院	编号	200515-7
	签名											图别	水施
										工程名称	女生宿舍	图号	1
	日期											日期	2005.1

建筑给水排水施工图例

图例	名称
—R— —R—	热水管
—U— —U—	屋顶水箱溢水管
—J— —J—	生活、生产给水管，屋顶水箱进水管
—H— —H—	热水回水管
—Y— —Y—	雨水管
—XH— —XH—	消火栓管道
—Z— —Z—	蒸汽管
—W— —W—	粪便污水管
—KN— —KN—	空调凝结水排水管
—ZP— —ZP—	自动喷水管道
—F— —F—	生活废水管
—T—	下水道专用通气管
—YT—	阳台专用排水管
—G—	屋顶水箱至报警阀前管
—YF—	排污泵排水管
JL-1 JL-1 标高	立管类别代号
PL-F	喷淋系统专用排水立管
	接管水嘴
	淋浴器　淋浴喷头
	浴盆龙头
	洗脸盆龙头
	延时自闭式冲洗阀及防污器

图例	名称
	化验龙头
	普通水龙头
	肘式龙头
	角阀
	截止阀
	浮球阀
	闸阀
	止回阀
	超压泄压阀
	倒流防止器
	蝶阀
	信号闸阀　信号蝶阀
	报警阀
	安全阀
	减压阀
	电磁阀
	温度调节阀
	自动排气阀
	水泵接合器
	闭式消防喷头（下喷）
	闭式侧喷式消防喷头
	室内单口消火栓，白色为开启面，圆圈为栓口处

图例	名称
	室内双口消火栓，双线为开启面
	手提式 ABC 类干粉灭火器
	水流指示器
	湿式报警阀组
	压力表
	阀门及阀门井
	水表
	减压孔板
	温度计
	电接点压力表
	离心水泵
	管道泵
	潜污泵
	开水器
	电热水器
	燃气热水器
	污水池
	洗涤盆
YC	隔油池
	化粪池
	盥洗槽
	小便槽
	大便槽

图例	名称
	洗脸盆
	浴盆
	淋浴间
	坐便器
	蹲便器
	立式、挂式小便斗
	冲洗水箱
	防水套管
YD-1 YD-1	雨水斗
	承雨斗
YD-1 YD-1	组合型雨水斗
	无水封地漏
	带洗衣机插口地漏
	网框式地漏
	清扫口
	通气帽
	检查口
	存水弯
	雨水口
	排水栓
	喇叭口
	过滤器
	橡胶软接头
	波纹伸缩器

注：本图例为通用图例。

发图人印章	设计单位出图专用章	注册师执业专用章

浙江省××建筑设计研究院 《勘察设计证书》浙设证甲字××号	工种	审定	审核	项目负责人	校对	工种负责人	设计	图目	建筑给水排水施工图例	项目名称	浙江××学院	编号	200515-7
	签名									工程名称	女生宿舍	图别	水施
	日期											图号	2
												日期	2005.1

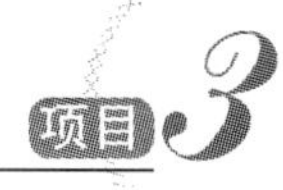

2.2 平面图与详图

首先要知道给水排水平面图与建筑平面图的剖切位置是不一样的。建筑平面图是从门窗部位水平剖切的，看到的东西都是位于该层的。而给水排水平面图中，凡与该层卫生设备所连接的给水排水管道均绘于该层平面中（底层埋地或敷设于管沟的管线亦如此），因此看到的排水管线实际是安装在该层楼板（楼面）下的，当然同层排水除外。

给水排水平面图是给水排水施工图的一个重要组成部分，它一般包括底层平面、楼层平面、屋顶平面，复杂的工程还包括地下室平面和技术转换层平面等。给水排水平面图把卫生设备、配水设施（水龙头、消火栓、喷头等）以及灭火器在建筑平面中的位置，立管的位置，给水排水横管的走向，引入管排出管的位置及定位尺寸，给水附件在平面中的设置以及灭火器设置等情况一一表现出来。阅读平面图就是把这些问题弄清楚。

平面图中用水集中的卫生间、盥洗间、浴室等部位，卫生器具多、管线较多。由于比例关系在平面图中不太容易表达清楚，所以一般另出详图。详图主要把卫生器具、地漏、立管的定位尺寸以及管道的连接详细地表达出来，便于施工。卫生器具的安装详图通常套用标准图集。施工图中一般注明采用标准图集的名称及图集号，不再另行绘制。

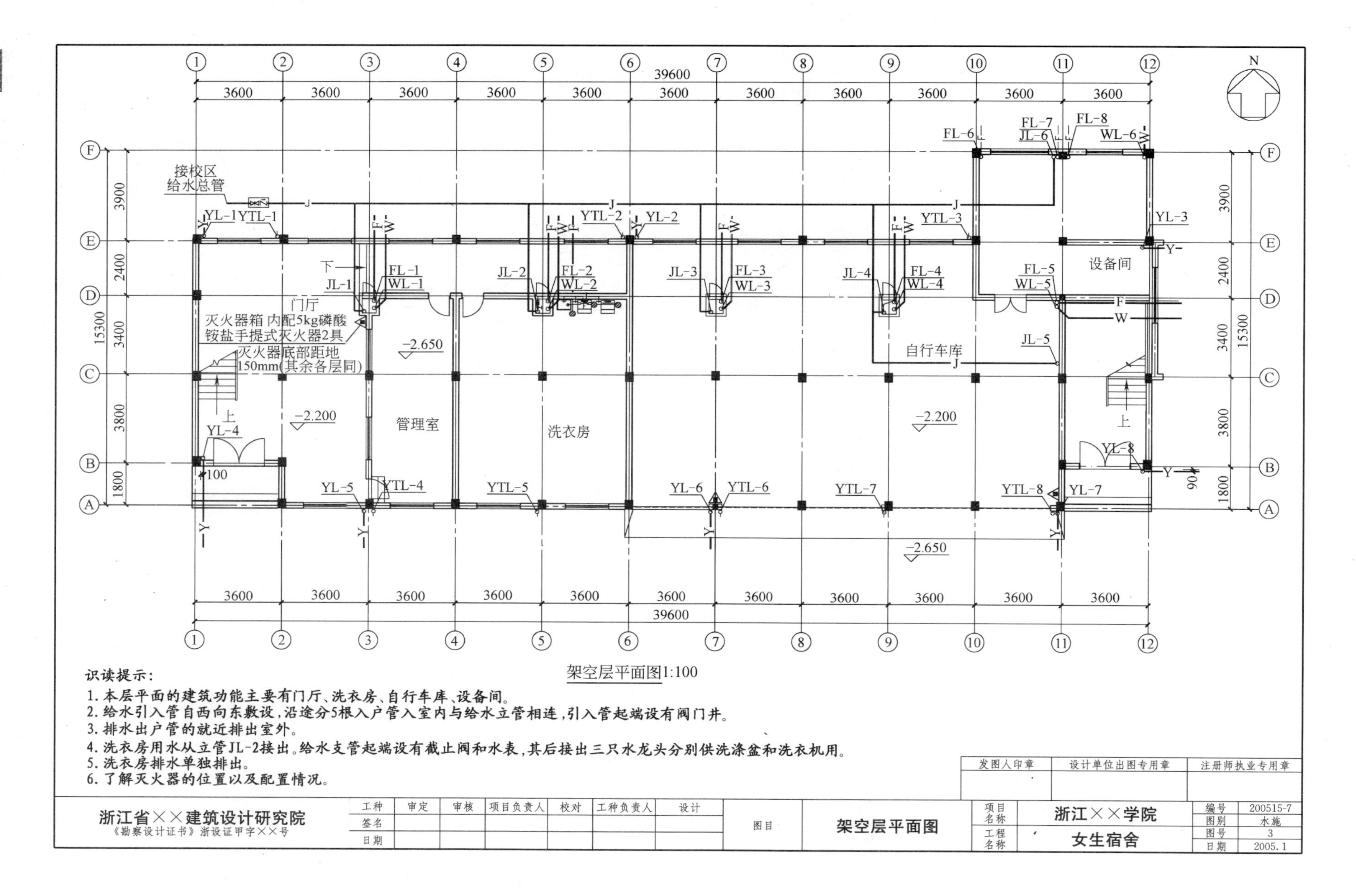

39600
3600
15300
3900
2400
3400
3800
1800
接校区
给水总管
门厅
灭火器箱 内配5kg磷酸
铵盐手提式灭火器2具
灭火器底部距地
150mm(其余各层同)
管理室
洗衣房
自行车库
设备间
上
下
−2.650
−2.200
JL−1
JL−2
JL−3
JL−4
JL−5
JL−6
FL−1
WL−1
FL−2
WL−2
FL−3
WL−3
FL−4
WL−4
FL−5
WL−5
FL−6
FL−7
FL−8
WL−6
YL−1
YL−2
YL−3
YL−4
YL−5
YL−6
YL−7
YL−8
YTL−1
YTL−2
YTL−3
YTL−4
YTL−5
YTL−6
YTL−7
YTL−8
N
架空层平面图1:100
识读提示:
1. 本层平面的建筑功能主要有门厅、洗衣房、自行车库、设备间。
2. 给水引入管自西向东敷设,沿途分5根入户管入室内与给水立管相连,引入管起端设有阀门井。
3. 排水出户管的就近排出室外。
4. 洗衣房用水从立管JL−2接出。给水支管起端设有截止阀和水表,其后接出三只水龙头分别供洗涤盆和洗衣机用。
5. 洗衣房排水单独排出。
6. 了解灭火器的位置以及配置情况。
发图人印章
设计单位出图专用章
注册师执业专用章
浙江省××建筑设计研究院
《勘察设计证书》浙设证甲字××号
工种
审定
审核
项目负责人
校对
工种负责人
设计
签名
日期
图目
架空层平面图
项目名称
浙江××学院
工程名称
女生宿舍
编号
200515−7
图别
水施
图号
3
日期
2005.1

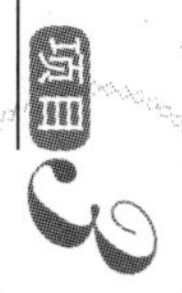

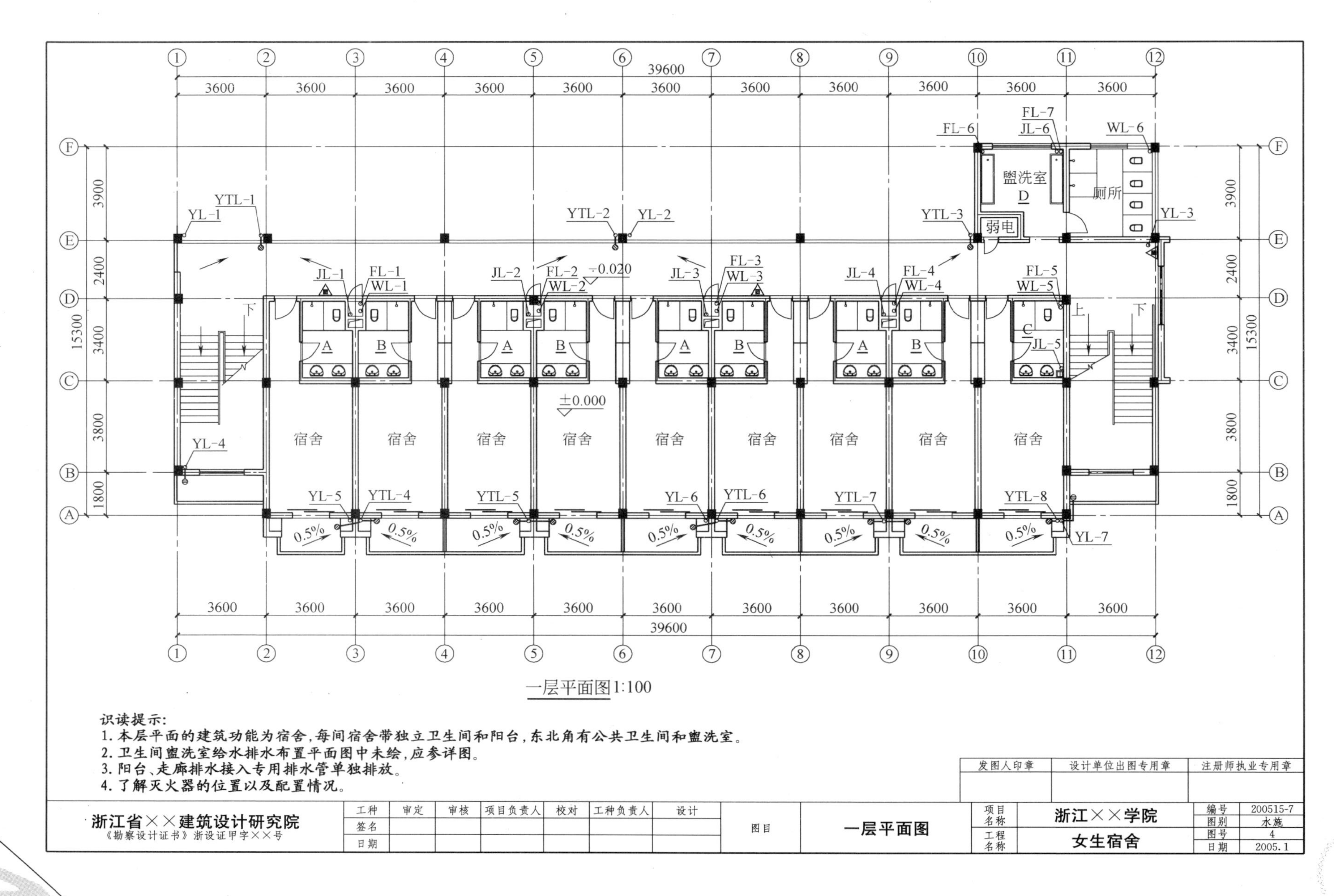
39600
3600
FL-6
FL-7
JL-6
WL-6
盥洗室
D
厕所
弱电
YL-1
YTL-1
YTL-2
YL-2
YTL-3
YL-3
JL-1
FL-1
WL-1
JL-2
FL-2
WL-2
-0.020
JL-3
FL-3
WL-3
JL-4
FL-4
WL-4
FL-5
WL-5
JL-5
±0.000
宿舍
YL-4
YL-5
YTL-4
YTL-5
YL-6
YTL-6
YTL-7
YTL-8
YL-7
0.5%
15300
3900
2400
3400
3800
1800
一层平面图1:100
识读提示：
1. 本层平面的建筑功能为宿舍，每间宿舍带独立卫生间和阳台，东北角有公共卫生间和盥洗室。
2. 卫生间盥洗室给水排水布置平面图中未绘，应参详图。
3. 阳台、走廊排水接入专用排水管单独排放。
4. 了解灭火器的位置以及配置情况。
发图人印章
设计单位出图专用章
注册师执业专用章
浙江省××建筑设计研究院
《勘察设计证书》浙设证甲字××号
工种
审定
审核
项目负责人
校对
工种负责人
设计
签名
日期
图目
一层平面图
项目名称
浙江××学院
工程名称
女生宿舍
编号
200515-7
图别
水施
图号
4
日期
2005.1

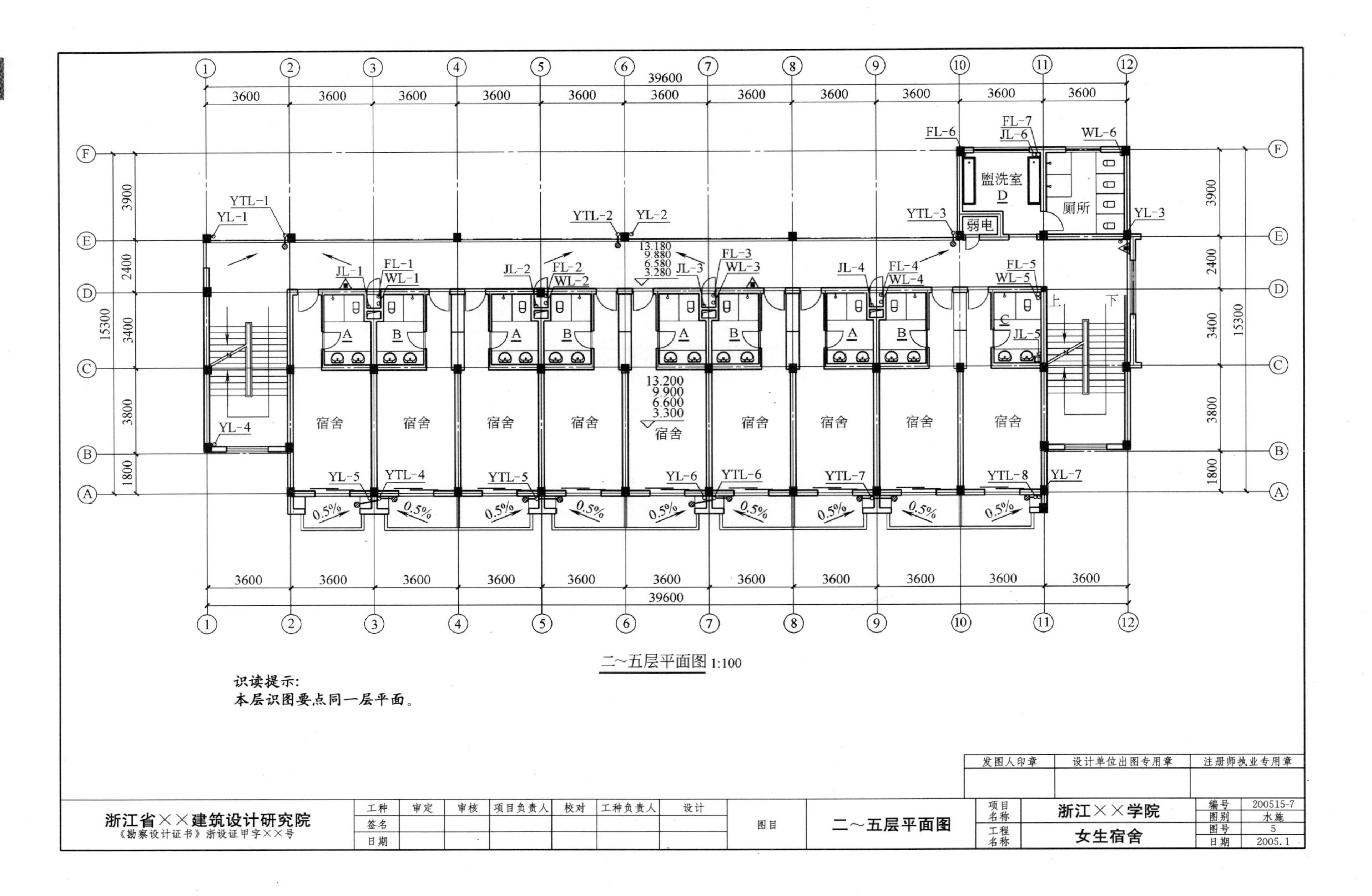

二~五层平面图 1:100

识读提示：
本层识图要点同一层平面。

发图人印章	设计单位出图专用章	注册师执业专用章

浙江省××建筑设计研究院 《勘察设计证书》浙设证甲字××号	工种	审定	审核	项目负责人	校对	工种负责人	设计	图目	二~五层平面图	项目名称	浙江××学院	编号	200515-7
	签名											图别	水施
										工程名称	女生宿舍	图号	5
	日期											日期	2005.1

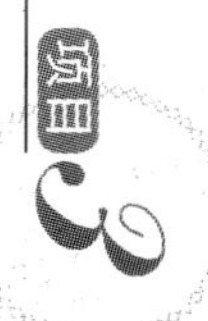

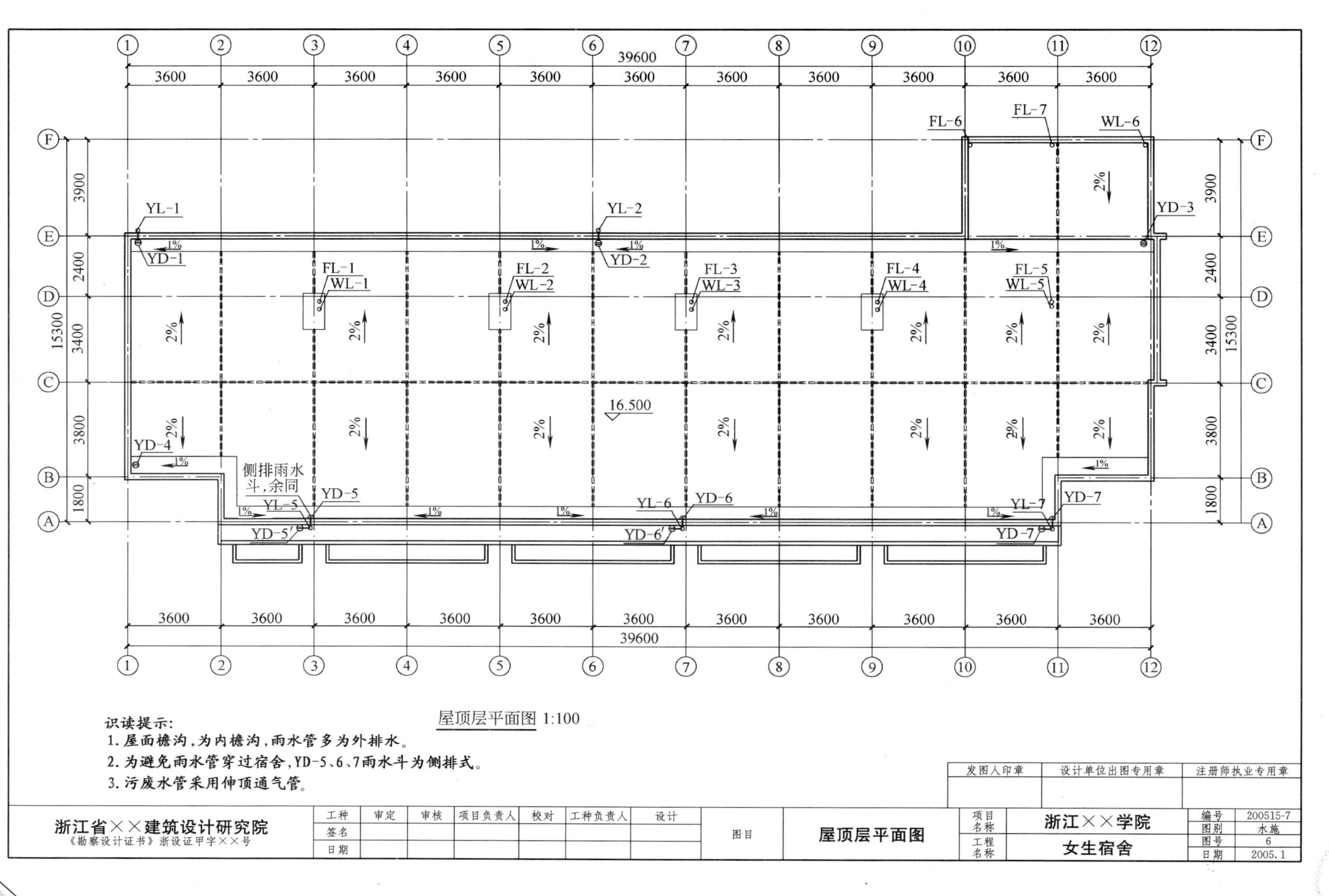
屋顶层平面图 1:100
识读提示：
1. 屋面檐沟，为内檐沟，雨水管多为外排水。
2. 为避免雨水管穿过宿舍，YD-5、6、7雨水斗为侧排式。
3. 污废水管采用伸顶通气管。
侧排雨水斗，余同
16.500
发图人印章
设计单位出图专用章
注册师执业专用章
浙江省××建筑设计研究院
《勘察设计证书》浙设证甲字××号
工种 审定 审核 项目负责人 校对 工种负责人 设计
签名
日期
图目
屋顶层平面图
项目名称 浙江××学院
工程名称 女生宿舍
编号 200515-7
图别 水施
图号 6
日期 2005.1

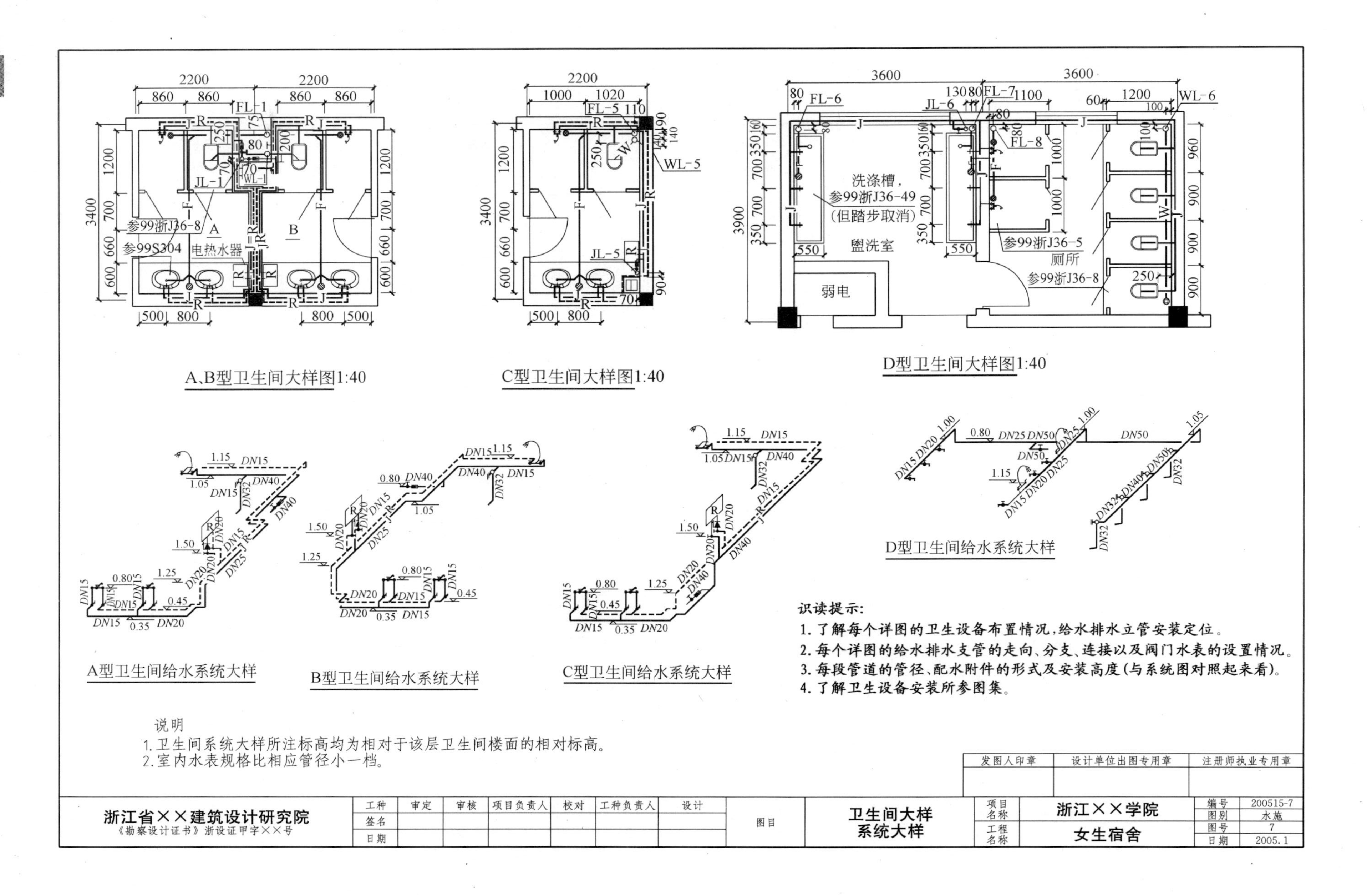

A、B型卫生间大样图1:40
C型卫生间大样图1:40
D型卫生间大样图1:40
A型卫生间给水系统大样
B型卫生间给水系统大样
C型卫生间给水系统大样
D型卫生间给水系统大样
参99浙J36-8
参99S304
电热水器
洗涤槽，
参99浙J36-49
(但踏步取消)
盥洗室
弱电
参99浙J36-5
厕所
参99浙J36-8
FL-1
JL-1
WL-1
FL-5
JL-5
WL-5
FL-6
JL-6
FL-7
FL-8
WL-6
识读提示:
1. 了解每个详图的卫生设备布置情况，给水排水立管安装定位。
2. 每个详图的给水排水支管的走向、分支、连接以及阀门水表的设置情况。
3. 每段管道的管径、配水附件的形式及安装高度(与系统图对照起来看)。
4. 了解卫生设备安装所参图集。
说明
1. 卫生间系统大样所注标高均为相对于该层卫生间楼面的相对标高。
2. 室内水表规格比相应管径小一档。
发图人印章
设计单位出图专用章
注册师执业专用章
浙江省××建筑设计研究院
《勘察设计证书》浙设证甲字××号
工种
审定
审核
项目负责人
校对
工种负责人
设计
签名
日期
图目
卫生间大样
系统大样
项目名称
浙江××学院
工程名称
女生宿舍
编号
200515-7
图别
水施
图号
7
日期
2005.1

2.3 系统图

详图和平面图都只反映管道及卫生设备在平面中的情况，而系统图则可反映出管道的空间位置、走向以及管径等。系统图的阅读，应结合平面图，按系统的分类，一个一个来。系统图一般包括生活给水系统、生活排水系统图、消火栓系统图、喷淋系统图等。

生活给水系统图的阅读，首先了解供水方式：市政直供、水箱供水还是水泵供水。以市政直供为例，从引入管开始，按水流方向，到给水干管、立管、横支管，最后至配水设施。这之间，把管道的空间走向、分支情况，每段管道的管径、标高，给水附件、计量仪表、配水设施的位置、类型及安装高度，还有立管的编号，各种设备（水泵、水箱、热水机组、冷却设备等）的型号、规格、连管情况和连接方式等都了解清楚，给水系统就算读明白了。

消火栓和喷淋系统图读图方式与给水系统类似，按水流方向，从消防水池进水管到消防供水设备吸水管，出水管，到消防横干管、消防立管、消防横支管，最后至配水设施（消火栓或喷头）。识图要点与生活给水系统图大致相同。

排水系统图的阅读，首先了解排水体制：合流还是分流。读图顺序从卫生器具排水支管（包括存水弯）开始，按水流方向，到排水横支管、排水立管、排水出户管。了解排水管的空间走向和布置情况，了解排水支管（包括存水弯）、横管、立管的管径；排水支管的会合情况以及清扫口、地漏设置情况；排水立管检查口的设置情况、安装高度；排水出户管的标高情况；还有通气管的设置情况以及管道的坡度和坡向等。

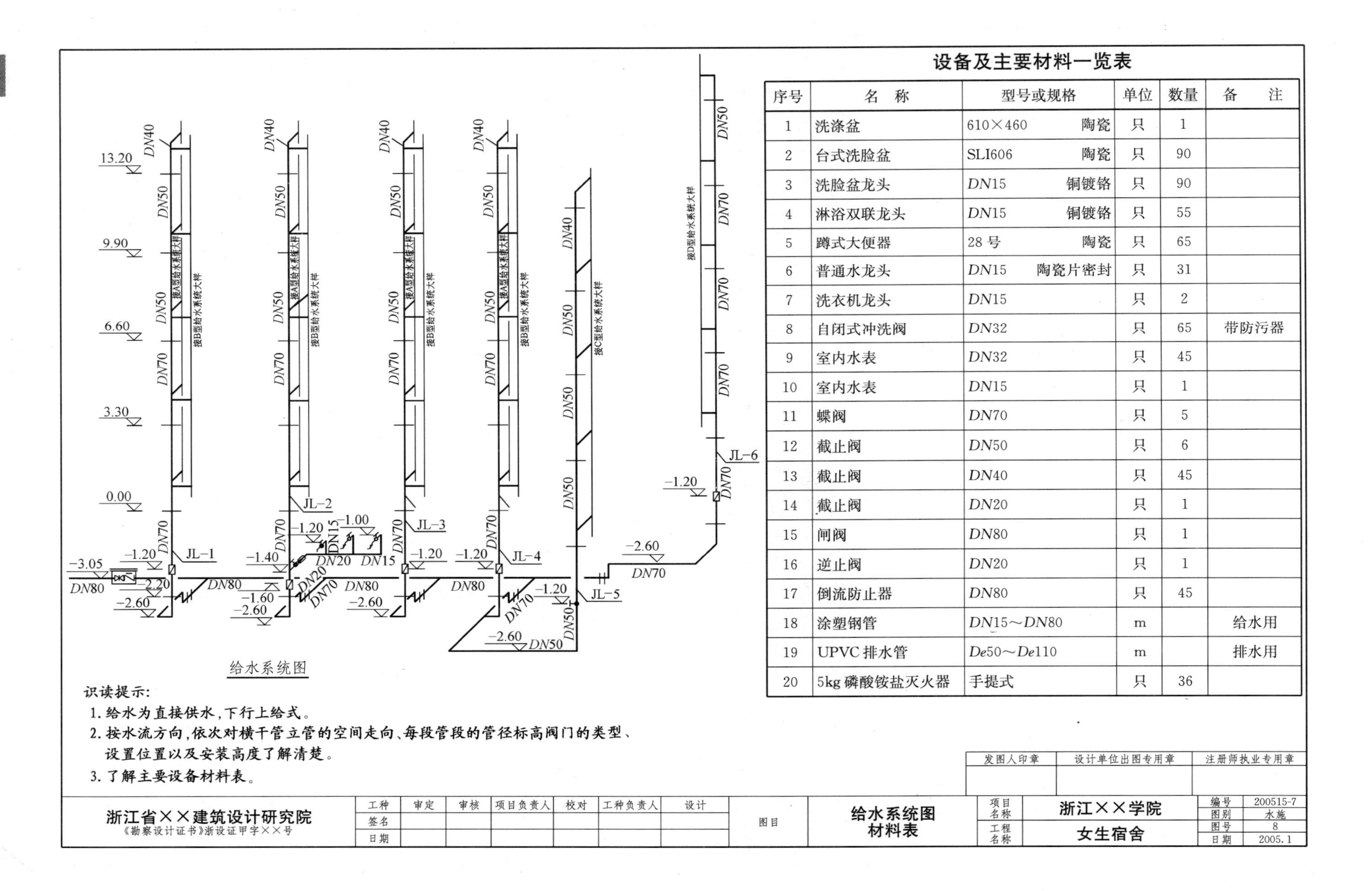

给水系统图

设备及主要材料一览表

序号	名　称	型号或规格	单位	数量	备　注
1	洗涤盆	610×460　陶瓷	只	1	
2	台式洗脸盆	SLI606　陶瓷	只	90	
3	洗脸盆龙头	DN15　铜镀铬	只	90	
4	淋浴双联龙头	DN15　铜镀铬	只	55	
5	蹲式大便器	28号　陶瓷	只	65	
6	普通水龙头	DN15　陶瓷片密封	只	31	
7	洗衣机龙头	DN15	只	2	
8	自闭式冲洗阀	DN32	只	65	带防污器
9	室内水表	DN32	只	45	
10	室内水表	DN15	只	1	
11	蝶阀	DN70	只	5	
12	截止阀	DN50	只	6	
13	截止阀	DN40	只	45	
14	截止阀	DN20	只	1	
15	闸阀	DN80	只	1	
16	逆止阀	DN20	只	1	
17	倒流防止器	DN80	只	45	
18	涂塑钢管	DN15～DN80	m		给水用
19	UPVC 排水管	De50～De110	m		排水用
20	5kg 磷酸铵盐灭火器	手提式	只	36	

识读提示：

1. 给水为直接供水，下行上给式。
2. 按水流方向，依次对横干管立管的空间走向、每段管段的管径标高阀门的类型、设置位置以及安装高度了解清楚。
3. 了解主要设备材料表。

发图人印章	设计单位出图专用章	注册师执业专用章

浙江省××建筑设计研究院 《勘察设计证书》浙设证甲字××号	工种	审定	审核	项目负责人	校对	工种负责人	设计	图目	给水系统图 材料表	项目名称	浙江××学院	编号	200515-7
	签名									工程名称	女生宿舍	图别	水施
	日期											图号	8
												日期	2005.1

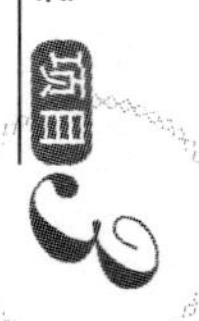

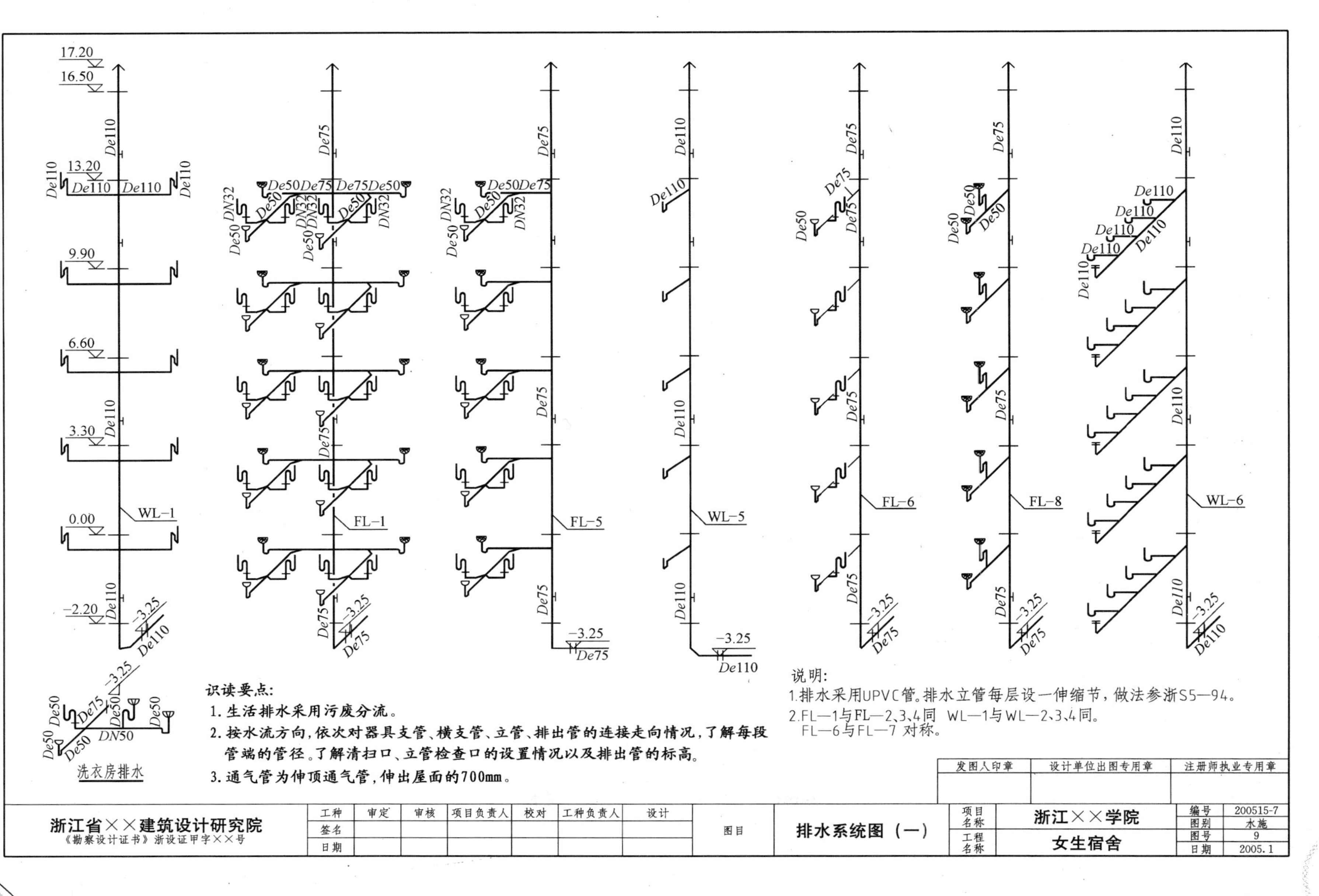
17.20
16.50
13.20
9.90
6.60
3.30
0.00
-2.20
-3.25
De110
De75
De50
DN50
DN32
WL-1
FL-1
FL-5
WL-5
FL-6
FL-8
WL-6
洗衣房排水
识读要点：
1. 生活排水采用污废分流。
2. 按水流方向，依次对器具支管、横支管、立管、排出管的连接走向情况，了解每段管端的管径。了解清扫口、立管检查口的设置情况以及排出管的标高。
3. 通气管为伸顶通气管，伸出屋面的700mm。
说明：
1.排水采用UPVC管。排水立管每层设一伸缩节，做法参浙S5—94。
2.FL—1与FL—2、3、4同 WL—1与WL—2、3、4同。
FL—6与FL—7 对称。
发图人印章
设计单位出图专用章
注册师执业专用章
浙江省××建筑设计研究院
《勘察设计证书》浙设证甲字××号
工种
签名
日期
审定
审核
项目负责人
校对
工种负责人
设计
图目
排水系统图（一）
项目名称
浙江××学院
工程名称
女生宿舍
编号 200515-7
图别 水施
图号 9
日期 2005.1

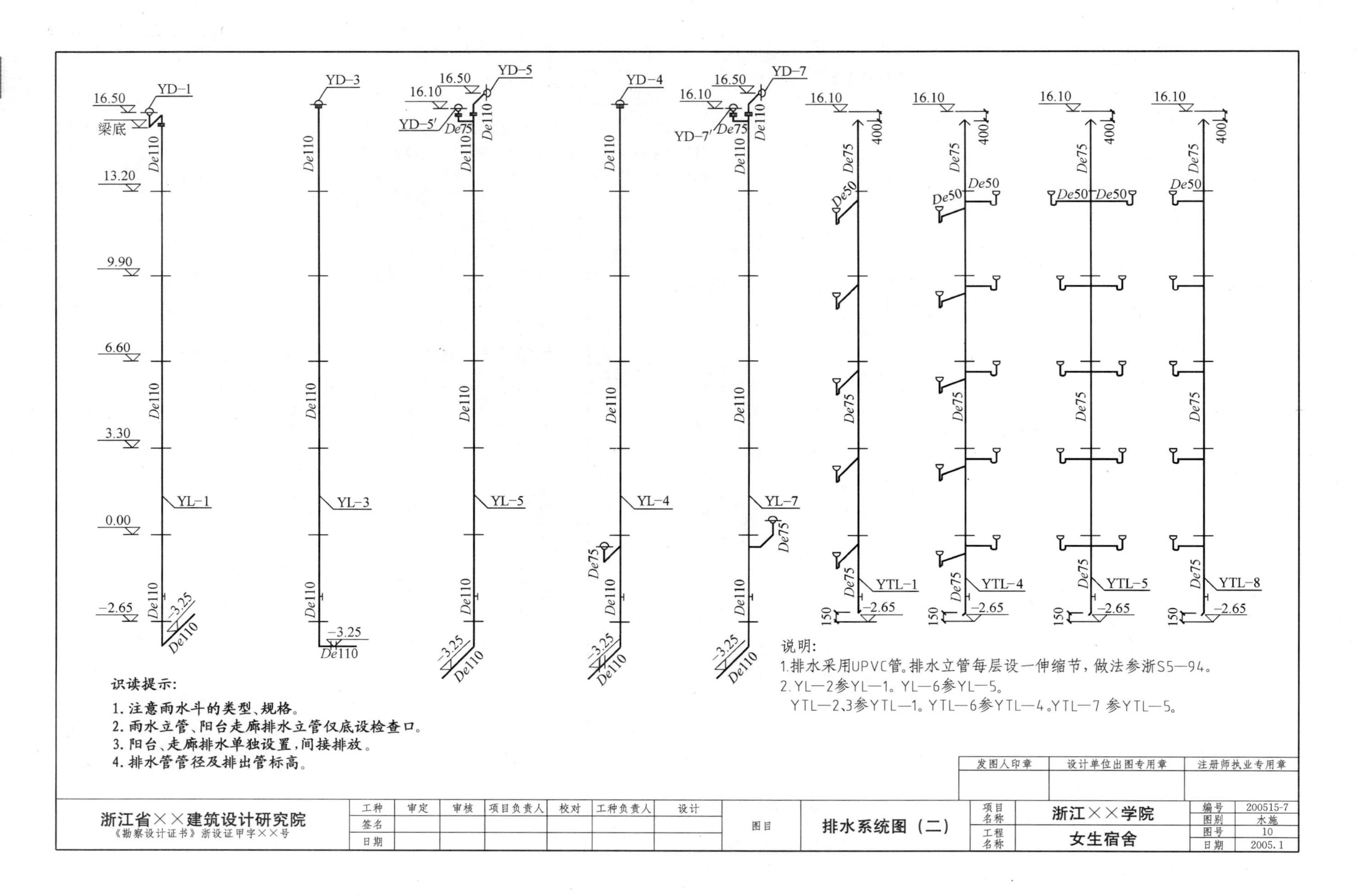
YD-1
YD-3
YD-5
YD-5′
YD-4
YD-7
YD-7′
16.50
梁底
16.10
13.20
9.90
6.60
3.30
0.00
-2.65
-3.25
400
150
De110
De75
De50
YL-1
YL-3
YL-5
YL-4
YL-7
YTL-1
YTL-4
YTL-5
YTL-8
识读提示:
1. 注意雨水斗的类型、规格。
2. 雨水立管、阳台走廊排水立管仅底设检查口。
3. 阳台、走廊排水单独设置，间接排放。
4. 排水管管径及排出管标高。
说明:
1.排水采用UPVC管。排水立管每层设一伸缩节，做法参浙S5—94。
2.YL—2参YL—1。YL—6参YL—5。
YTL—2、3参YTL—1。YTL—6参YTL—4。YTL—7 参YTL—5。
发图人印章
设计单位出图专用章
注册师执业专用章
浙江省××建筑设计研究院
《勘察设计证书》浙设证甲字××号
工种
审定
审核
项目负责人
校对
工种负责人
设计
签名
日期
图目
排水系统图（二）
项目名称
浙江××学院
工程名称
女生宿舍
编号
200515-7
图别
水施
图号
10
日期
2005.1

XIANGMU

项目4

电气施工图的识读

能力目标： 会查阅有关电气专业的规范条文，能正确识读电气施工图，理解设计意图。

单元 1

电气施工图的基本知识

1.1 电气施工图概述

电气施工图是通过一些规定的图例和必要的文字说明，把建筑物内电气设备的安装位置，配管配线方式、安装规格、型号、安装方式以及它们之间的联系以图纸的形式表示出来。它是安装电气设施的依据，也是将来绘制竣工图或扩建、改建的参考。为了正确进行电气照明线路的敷设及用电设备的安装，我们必须看懂电气施工图。电气施工图表达的内容分两部分：

(1) 照明与动力（“强电”）系统：它包括照明、供配电、建筑设备的控制、防雷、接地等。

(2) 通信与自动控制（“弱电”）系统：这部分包括语音通信、计算机网络、广播、有线电视及卫星电视信号接收系统、监控安全防范系统、电子多媒体查询系统、火灾报警与消防自控、楼宇设备控制管理系统等各系统等。

1.2 电气工程分类

电气工程是指某建筑的供电、用电工程，它通常可以包括以下几个分类工程：

(1) 外线工程：室外电源供电线路，主要考虑是架空线路还是电缆线路。

(2) 变配电工程：由变压器、高低压配电柜、母线、电缆、继电保护与电气计量等设备组成的变配电所（室）。

(3) 室内配线工程：主要有穿管配线、线槽配线、桥架配线等。

(4) 动力工程：各种风机、水泵、电梯、机床、起重机等动力设备的控制与动力配电箱。

(5) 照明工程：照明灯具、开关、插座、电扇、空调和照明配电箱等设备。

(6) 防雷工程：建筑物、电气装置和其他设备的防雷设施。

(7) 接地工程：各种电气装置的工作接地和保护接地系统。

(8) 弱电工程：消防报警系统、电话、计算机网络系统、广播和监控安全防范系统、电子多媒体查询、综合布线及智能化建筑系统等。

(9) 自备发电工程：一般为备用的自备柴油发电机组及 EPS。

一个建筑电气工程中可能只包含几个分类工程，也可能全部包括。这要根据工程特点和要求来定。

1.3 电气施工图的组成

建筑电气施工图设计文件以单项工程为单位编制。文件主要由文字部分和图示部分组成。文字部分包括图纸目录、设计施工说明、图例、设备材料表、计算书等，图示部分包括平面图、详图、系统图等。常用的电气工程施工图有以下几类组成：

1.3.1 图纸目录

包括序号、图纸名称、编号、张数等。

1.3.2 设计施工说明

设计说明是把图示难以表达，或用文字描述更简单直接的部分用文字表达出来，如介绍土建工程概况，工程的设计范围，工程的类别或级别（防火、防雷、防爆及负荷级别）依据，电源概况，导线、照明器、开关及插座选型，电气保护措施，施工安装要求和注意事项等。同时可列出本套图纸涉及的图例、自编图例和主要材料明细表（包括名称、型号、规格和数量等）。

1.3.3 电气系统图

电气系统图是表示电气工程的供电方式、电能输送、分配控制关系和了解设备运行情况的图纸。可以通过系统图了解工程的全貌及规模。系统各配电盘、箱应标注其编号及所用的开关、熔断器等的型号、规格。配电干线及支线应用规定的文字符号标明导线的型号、截面、根数、敷设方式（如穿管敷设并要标明管材和直径）。系统图又分为变配电系统图、动力系统图、照明系统图和弱电系统图等。

1.3.4 电气平面图

电气平面图是通过图形文字符号将进线点、配电箱、灯具、开关及插座的位置，安装部位和连接线路的走向表示出来。每层都应有平面图，可以用一张标准的平面图来表示相同各层的平面布置。常用的电气平面图有：变配电平面图、动力平面图、照明平面图、防雷平面图、接地平面图和弱电平面图等。具体平面内容可以根据工程的繁简做布设，比较灵活。

1.3.5 设备布置图

表示设备平面和空间关系的图纸及安装方式的图纸。通常包括设备平面布置、剖面图等。

1.3.6 电气原理接线图

表示具体设备或系统的电气工作原理及安装位置、方法、接线情况的图纸。

1.3.7 详图

详图是表示电气图中某部分或几个部分的具体安装要求和做法的图纸。

1.4 常用电气规范强制性条文

在建筑设计和施工中都要遵守现行规范，而各规范中的强制性条文必须要严格遵守。了解强制性条文对于施工读图有着很重要的作用。下面列举一部分常用的强制性条文。

（1）装置外露导电部分严禁用作 PEN 线。

（2）在 TN-C 系统中，PEN 线严禁接入开关设备。

(3) 采用接地故障保护时，在建筑物内应将下列导体作总等电位连接：

1) PE、PEN 干线；

2) 电气装置接地极的接地干线；

3) 建筑物内的水管、煤气管、采暖和空调管道等金属管道；

4) 条件许可的建筑物金属构件等、导电体、等电位连接中金属管道连接处应可靠地连通导电。

(4) 接地（PE）或接零（PEN）支线必须单独与接地（PE）或接零（PEN）干线相连接，不得串联连接。

(5) 电动机、电加热器及电动执行机构的可接近裸露导体必须接地（PE）或接零（PEN）。

(6) 金属电缆桥架及其支架和引入或引出的金属电缆导管必须接地（PE）或接零（PEN）可靠，且必须符合下列规定：

1) 金属电缆桥架及其支架全长应不少于两处与接地（PE）或接零（PEN）干线相连接；

2) 非镀锌电缆桥架间连接板的两端跨接铜芯接地线，接地线最小允许截面积不小于 $4mm^2$；

3) 镀锌电缆桥架间连接板的两端不跨接接地线，但连接板两端不少于两个有防松螺帽或防松垫圈的连接固定螺栓。

(7) 金属导管严禁对口熔焊连接；镀锌和壁厚小于等于 2mm 的钢导管不得套管熔焊连接。

(8) 三相或单相的交流单芯电缆，不得单独穿于钢导管内。

(9) 花灯吊钩圆钢直径不应小于灯具挂销直径，且不应小于 6mm。大型花灯的固定及悬吊装置，应按灯具重量的 2 倍做过载试验。

(10) 当灯具距地面高度小于 2.4m 时，灯具的可接近裸露导体必须接地（PE）或接零（PEN）可靠，并应有专用接地螺栓，且有标识。

(11) 插座接线应符合下列规定：

1) 单相两孔插座，面对插座的右孔或上孔与相线连接，左孔或下孔与零线连接；单相三孔插座，面对插座的右孔与相线连接，左孔与零线连接；

2) 单相三孔、三相四孔及三相五孔插座的接地（PE）或接零（PEN）线接在上孔。插座的接地端子不与零线端子连接。同一场所的三相插座，接线的相序一致；

3) 接地（PE）或接零（PEN）线在插座间不串联连接。

(12) 消防用电设备的配电线路应穿管保护。当暗敷时应敷设在非燃烧体结构内，其保护层厚度不应小于 30mm，明敷时必须穿金属管，并采取防火保护措施。采用绝缘和护套为非延燃性材料的电缆时，可不采取穿金属管保护，但应敷设在电缆井沟内。

(13) 闷顶内有可燃物时，其配电线路应采取穿金属管保护。

(14) 火灾事故照明和疏散指示标志可采用蓄电池作备用电源。但连续供电时间不应少于 20min。

(15) 事故照明灯和疏散指示标志，应设玻璃或其他非燃烧材料制作的保护罩。

电气施工图的识读要点

阅读电气施工图，不但要掌握电气施工图的一些基本知识，还应该按合理的次序看图，才能较快的看懂电气施工图。一般的识读顺序为：目录→设计施工说明（可以包含图例，图例较多时可一张单列）→系统图→照明平面图→屋顶防雷平面图→基础接地平面图。若有弱电内容也按此顺序看。看平面图时要结合系统图阅读，必要的时候要结合建筑、结构、暖通、给水排水的图纸对照看。

2.1 目录与设计说明

目录一般包括两部分：设计人员绘制部分和选用的标准图部分。通过目录，可以对整套图纸内容有个总的了解。对比目录和图纸，看看是否有缺漏。

设计说明主要包括工程概况、电源情况、负荷等级、导线的选用和敷设、灯具设备的安装高度和要求、防雷等级、系统接地形式、设计依据、施工原则等。通过图例了解本套图纸所用的图形符号，便于识读系统图和平面图。

2.2 系统图

了解配电箱元件组成、系统的构成，采用导线的大小及规格。

2.3 平面图

（1）总平面图的阅读：注意电气干线的位置、走向、标高和敷设方法。室外场地和立面照明引入的位置和敷设方法。结合其他室外工程的图纸看，位置和坐标是否有冲突。

（2）照明平面的阅读：了解平面设备布置位置，注意开关、灯具的位置标高和安装方法，明确配电总柜的总等电位板和卫生间及电梯机房的局部等电位连接板位置标高。同时要结合其他专业看电气设备位置是否冲突，预留空洞是否有碰撞。灯具和梁的位置关系。

（3）屋顶防雷平面图的阅读：了解防雷设防等级，注意避雷带、避雷网的布置情况和敷设方法，引下线的位置及做法。同时要看屋面是否有金属构件、管道、水箱等，要求与避雷带可靠连接。

（4）基础接地平面图的阅读：首先要了解接地形式，接地电阻的大小，清楚接地体的要求和做法，同时了解各引下线与接地体的连接方法。明确接地测试点的位置、标高及做法等。

2.4 常用文字符号

建筑电气施工图是用图形符号、文字符号和项目代号来表达的。因此，阅读建筑电气施工图要掌握大量的图形符号、文字符号，并从理解这些代号中了解这些符号所代表的具体内容与含义，以及他们之间的关系。下面就列举几个建筑电气施工图中常用文字符号：

照明灯具的标注：$a-b(c\times d\times L/e)f$

a—灯数；b—型号或编号（不需要时可以省略）；

c—每盏照明灯具的灯泡数；

d—灯泡安装容量；L—光源种类；

e—灯泡安装高度；f—安装方式。

线路的标注：$a-b-c(d\times e+f\times g)i-j$

a—线路编号；b—型号（不需要时可以省略）；

c—线缆根数；d—电缆线芯数；

e—线芯截面；f—PE、N 芯数；

g—PE、N 线芯截面；i—线缆敷设方式；

j—线缆敷设部位。

常用的线路敷设方式的标注：

穿焊接钢管敷设	SC	塑料线槽敷设	PR
穿电线管敷设	MT	金属线槽敷设	MR
穿硬塑料管敷设	PC	混凝土排管敷设	CE
穿扣压薄壁钢管敷设	KBG	直接埋设	DB
电缆桥架敷设	CT	电缆沟敷设	TC

常用的导线敷设部位的标注：

沿或跨(屋架)敷设	AB	沿墙面敷设	WS
暗敷在梁内	BC	暗敷设在墙内	WC
沿或跨柱敷设	AC	沿顶棚或顶板面敷设	CE
暗敷设于柱内	CLC	暗敷设在屋面或顶板内	CC
吊顶内敷设	SCE	地板或地面下敷设	F

常用的灯具安装方式的标注：

线吊式，自在器线吊式	SW	嵌入式	R
链吊式	CS	顶棚内安装	CR
管吊式	DS	墙壁内安装	WR
壁装式	W	支架上安装	S
吸顶式	C	柱上安装	CL
座装	HM		

图 纸 目 录

第1页 共1页

工号 200515-7　　工程名称浙江××学院 女生宿舍

序号	图 号	图 名	图幅	备 注
1	电施-1	设计施工说明 主要设备材料表	A2	
2	电施-2	照明配电系统图	A2	
3	电施-3	架空层照明平面图	A2	
4	电施-4	一～五层照明平面图	A2	
5	电施-5	屋顶防雷平面图	A2	
6	电施-6	基础接地平面图	A2	
说明	1. 本目录由工种负责人填写，以图号为序，每格填一张。 2. 如采用通施图，应在本表中列出。 3. 如利用标准图，可在备注栏内注明。			

项目负责人＿＿＿＿＿＿　　工种负责人＿＿＿＿＿＿

完成日期2005年1月　日

设计施工说明

一、工程概况

本工程为浙江××学院女生宿舍。本工程主体结构为混凝土框架结构，共五层，总建筑面积 2298m²。

二、设计依据

1. 建设单位提供的设计任务书及设计要求。
2. 相关专业提供的工程设计资料。
3. 国家现行主要标准及法规：

《建筑设计防火规范》GB 50016—2006　《民用建筑电气设计规范》JG/T 16—92
《建筑照明设计标准》GB 50034—2004　《建筑物防雷设计规范》GB 50057—94 2000 年版
《低压配电设计规范》GB 50054—95

三、设计范围

本工程设计包括单体内的以下电气系统：

1. 380/220V 配电系统；
2. 室内一般照明配电；
3. 建筑物防雷、接地系统及安全措施；弱电另行委托设计。

四、380/220V 配电系统

1. 负荷等级及容量：本工程一般照明及电力负荷为三级负荷，具体见系统图。
2. 供电电源：本工程电源由就近配电房供电，单体配电电压 380/220V，进线采用 0.6/1kV 电力电缆。穿镀锌钢管埋地敷设，室外埋深－0.8m。

五、照明及节能措施

宿舍采用开敞式灯具，光效不低于 75%，荧光灯光源采用 T8 三基色。走道灯具采用有保护罩的，光效不低于 75%，光源采用节能灯，照度及照明功率密度（LPD）设计值详见平面图标志。

六、导体选择及线路敷设

配电干线的型号、规格及保护管管径详见系统图标注。配电箱干线保护管采用钢管（SC），户内照明支线采用阻燃刚性 PVC 管（PC），线路敷设部位及保护管管径详见系统图。照明支线均采用 BV-450/750V-n×2.5（n 为根数，详见各平面图标注）穿 PC 管暗配。保护管选择原则：2 根导线穿 PC16，3～5 根导线穿 PC20，6～8 根穿 PC25，8 根以上应分管敷设，各回路中 PE 线采用双色软线。消防设备的配电线路暗敷时其保护层厚度不小于 3cm，明敷时保护管外涂防火漆。布线暗管较长或转弯较多时，按下列要求设拉线盒：直线管路不超过 30m；一个弯时不超过 20m；二个弯时不超过 15m；三个弯时不超过 8m。

七、设备安装（除另有注明外）

落地式配电设备安装参〈04D702-1〉第 27 页方案Ⅲ，分配电箱暗装，安装高度距地 1.5m，M（L）EB 端子箱 0.3m。各类开关、插座暗装，距所在地面高度：卫生间插座 1.8m，壁挂式空调插座 1.8m，一般开关：1.3m。高度低于 1.8m 的插座及灯具均为安全型。灯具及弱电设备安装详见平面图标注。

八、建筑物防雷、接地系统及安全措施

（一）建筑物防雷

本建筑物年雷击次数经计算为 0.05 次/a，为第三类防雷建筑物。在建筑物屋面及四周女儿墙等处设置避雷带及避雷小针。具体详见“屋顶防雷平面图”。

（二）接地及安全措施

1. 本工程的电气保护接地采用 TN-S 系统，进户电源 PE 线在 AA 箱处作重复接地。
2. 本工程的接地系统采用共用接地系统，即防雷接地、电气设备的保护接地、弱电信息设备等的接地共用统一的接地装置，利用建筑物基础内的地梁主筋作接地装置，详见“基础接地平面图”，要求接地电阻不大于 1Ω，实测不满足要求时增设人工接地极，直到满足要求。
3. 采用灯具均为Ⅰ类，灯具的外露可导电部分设专用 PE 线使其可靠接地，此 PE 线与相线同截面同管敷设。

（三）等电位联结

本工程在电源进线处进行总等电位联结，设总等电位联结端子板。总等电位联结应将建筑物同一区域内的保护干线、进出建筑物的金属管道、建筑物基础钢筋接地体等作等电位联结，等电位联结线选用见各平面及系统图相关图纸。金属管道采用卡子联结，禁止焊接。局部等电位端子与结构主筋间用 25×4 镀锌扁钢联结。具体做法参见国标图集《等电位联结安装》02D501-2。

九、其他有关事项

1. 凡与施工有关而本设计又未说明之处，参见国标 GB 50303《建筑电气工程施工质量验收规范》及其余国家、地方现行标准图集施工，或与设计院协商解决，不应擅自修改工程设计。
2. 本工程所采用的电气设备及材料必须满足与产品相关的国家或行业标准。

十、本工程选用的国家建筑标准设计及施工图集

00DX001《建筑电气工程设计常用图形和文字符号》　02D501-2《等电位联结安装》

D702-1～2（2002 年合订本）《常用低压配电设备及灯具安装》　D301-1～2（2004 年合订本）（室内管线安装）

03D501-3（利用建筑物金属体做防雷及接地装置安装》　99D501-1《建筑物防雷设施安装》

十一、主要图例及材料表

主要设备材料表

序号	图例	设备名称	型号规格	数量	单位	备注
1		安全型低压配电框	XDB-14	1	台	
2		计量箱	XXD6A-3×9	5	台	
3		宿舍配电箱	XXD2A-12J	45	台	
4		配电箱	XXD2A-18J	1	台	
5						
6		总等电位联结端子箱	/	1	台	
7		局部电位联结端子箱	/	45	台	
8		吸顶灯	JXD3-1 1×13×YJ	221	套	
9		荧光灯	YG2-1 1×36×FL	103	套	
10		荧光灯	YG2-2 2×36×FL	3	套	
11		壁灯	1×13×YJ	8	套	
12		换气扇	40W	45	套	
13		圆周扇	60W	45	套	
14		防溅型三极单相插座	250V,16A	90	套	
15		三极单相插座	250V,16A	46	套	
16		安全型二,三极单相插座	250V,10A	93	套	
17		单联单控开关	250V,10A	76	套	
18		单联延时开关	250V,10A	8	套	
19		防溅型单联单控开关	250V,10A	10	套	
20		双联单控开关	250V,10A	50	套	
21		三联单控开关	250V,10A	45	套	
22		防溅型三联单控开关	250V,10A	1	套	
23		避雷装置	详平面图	按实计算	m	
24		等电位联结线,接地线	镀锌扁钢 40mm×4mm	按实计算	m	

附注：管、线未计。

发图人印章	设计单位出图专用章	注册师执业专用章

浙江省××建筑设计研究院 《勘察设计证书》浙设证甲字××号	工种	审定	审核	项目负责人	校对	工种负责人	设计	图目	设计施工说明 主要设备材料表	项目名称	浙江××学院	编号	200515-7
	签名											图别	电施
	日期									工程名称	女生宿舍	图号	1
												日期	2005.1

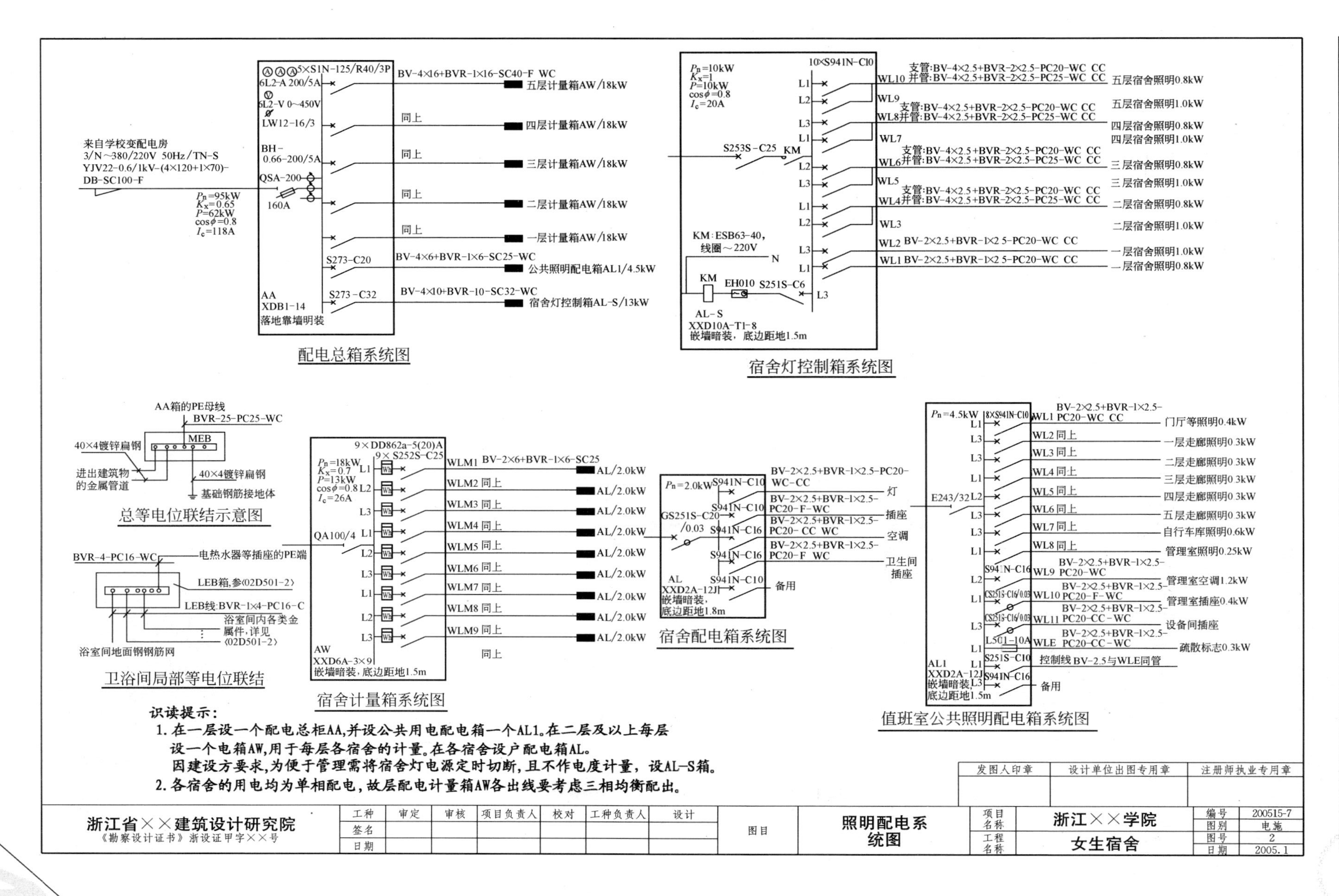

配电总箱系统图
宿舍灯控制箱系统图
总等电位联结示意图
卫浴间局部等电位联结
宿舍计量箱系统图
宿舍配电箱系统图
值班室公共照明配电箱系统图
识读提示：
1. 在一层设一个配电总柜AA,并设公共用电配电箱一个AL1。在二层及以上每层设一个电箱AW,用于每层各宿舍的计量。在各宿舍设户配电箱AL。因建设方要求,为便于管理需将宿舍灯电源定时切断,且不作电度计量，设AL-S箱。
2. 各宿舍的用电均为单相配电,故层配电计量箱AW各出线要考虑三相均衡配出。
浙江省××建筑设计研究院
《勘察设计证书》浙设证甲字××号
照明配电系统图
浙江××学院
女生宿舍
200515-7
电施
2
2005.1

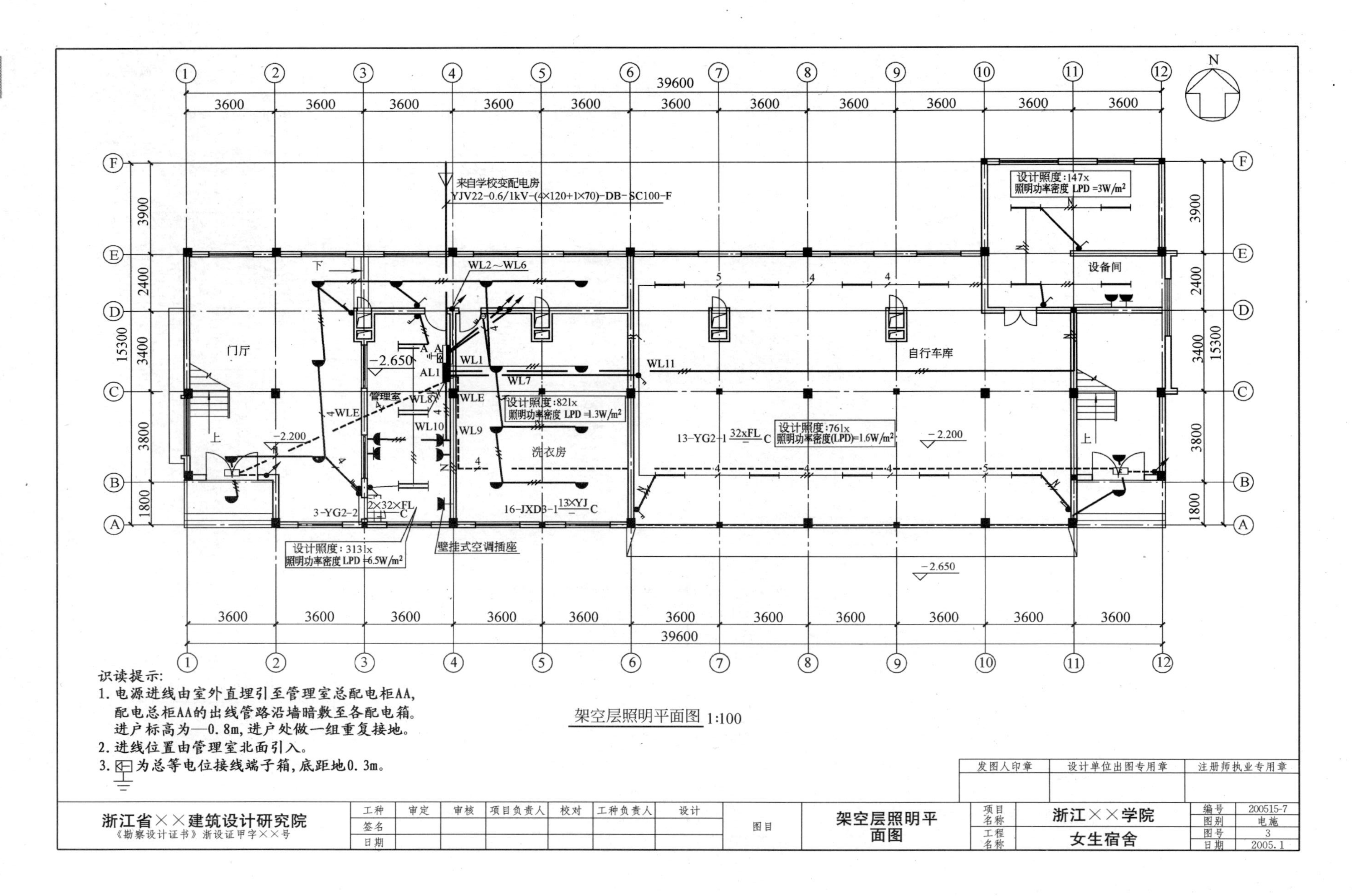
来自学校变配电房
YJV22-0.6/1kV-(4×120+1×70)-DB-SC100-F
WL2～WL6
门厅
管理室
AL1
WL1
WL7
WLE
WL8
WL9
WL10
WL11
设计照度：82lx
照明功率密度 LPD =1.3W/m²
洗衣房
16-JXDB-1 13×YJ/— C
3-YG2-2 2×32×FL/— C
设计照度：313lx
照明功率密度 LPD =6.5W/m²
壁挂式空调插座
自行车库
13-YG2-1 32xFL/— C
设计照度：76lx
照明功率密度(LPD)=1.6W/m²
设计照度：147x
照明功率密度 LPD =3W/m²
设备间
−2.650
−2.200
39600
15300
识读提示：
1. 电源进线由室外直埋引至管理室总配电柜AA，配电总柜AA的出线管路沿墙暗敷至各配电箱。进户标高为—0.8m，进户处做一组重复接地。
2. 进线位置由管理室北面引入。
3. 为总等电位接线端子箱，底距地0.3m。
架空层照明平面图 1:100
浙江省××建筑设计研究院
《勘察设计证书》浙设证甲字××号
工种
签名
日期
审定
审核
项目负责人
校对
工种负责人
设计
图目
架空层照明平面图
项目名称
浙江××学院
工程名称
女生宿舍
发图人印章
设计单位出图专用章
注册师执业专用章
编号 200515-7
图别 电施
图号 3
日期 2005.1

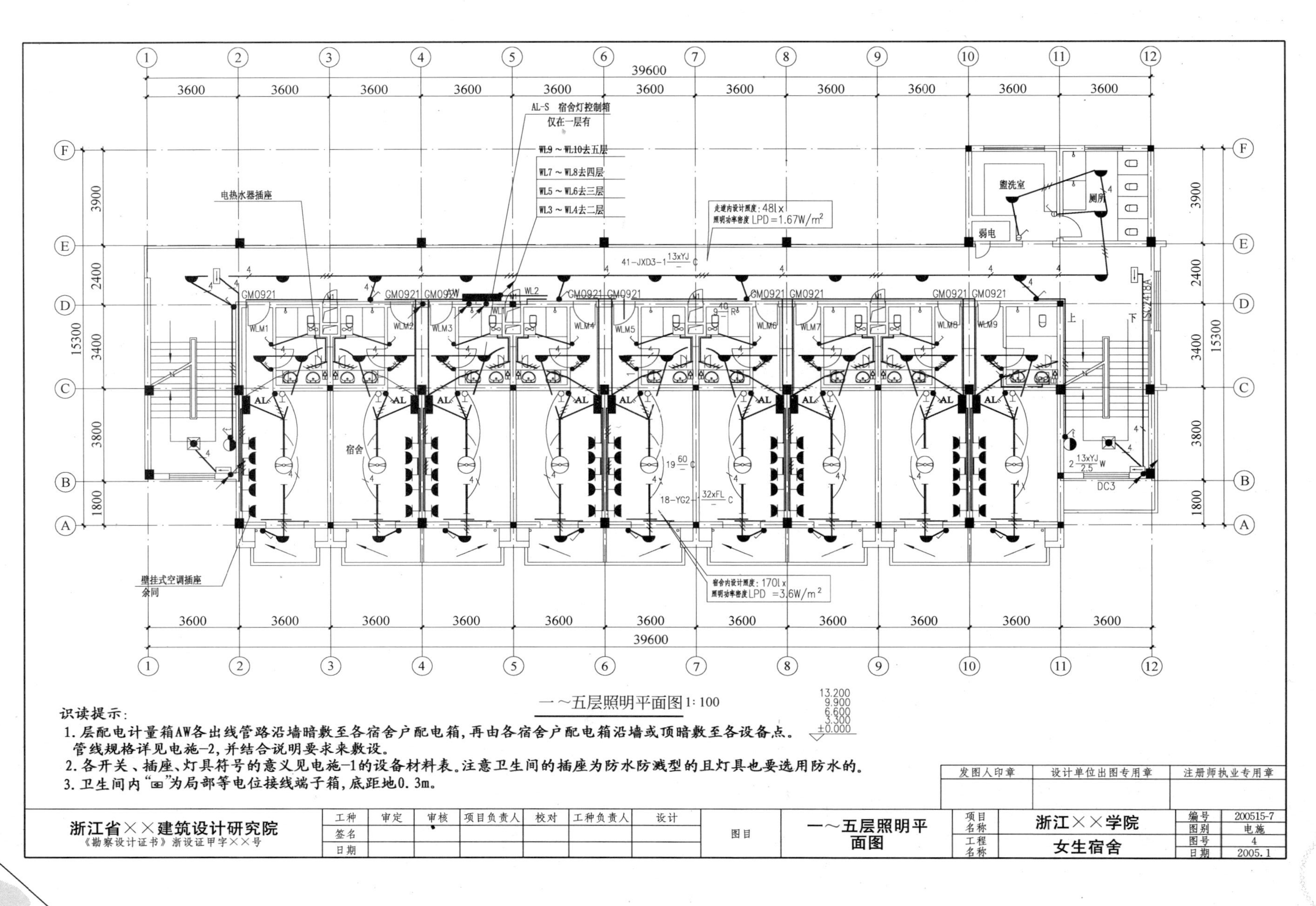
39600
3600
AL-S 宿舍灯控制箱
仅在一层有
WL9～WL10去五层
WL7～WL8去四层
WL5～WL6去三层
WL3～WL4去二层
电热水器插座
走道内设计照度：48lx
照明功率密度 LPD＝1.67W/m²
41-JXD3-1 13xYJ C
盥洗室
厕所
弱电
GM0921
宿舍
19 60 C
18-YG2 32xFL C
13xYJ 2.5 W
DC3
壁挂式空调插座
余同
宿舍内设计照度：170lx
照明功率密度 LPD ＝3.6W/m²
15300
3900
2400
3400
3800
1800
一～五层照明平面图 1:100
13.200
9.900
6.600
3.300
±0.000
识读提示：
1. 层配电计量箱AW各出线管路沿墙暗敷至各宿舍户配电箱，再由各宿舍户配电箱沿墙或顶暗敷至各设备点。管线规格详见电施-2，并结合说明要求来敷设。
2. 各开关、插座、灯具符号的意义见电施-1的设备材料表。注意卫生间的插座为防水防溅型的且灯具也要选用防水的。
3. 卫生间内"⊡"为局部等电位接线端子箱，底距地0.3m。
发图人印章
设计单位出图专用章
注册师执业专用章
浙江省××建筑设计研究院
《勘察设计证书》浙设证甲字××号
工种
审定
审核
项目负责人
校对
工种负责人
设计
签名
日期
图目
一～五层照明平面图
项目名称
浙江××学院
工程名称
女生宿舍
编号 200515-7
图别 电施
图号 4
日期 2005.1

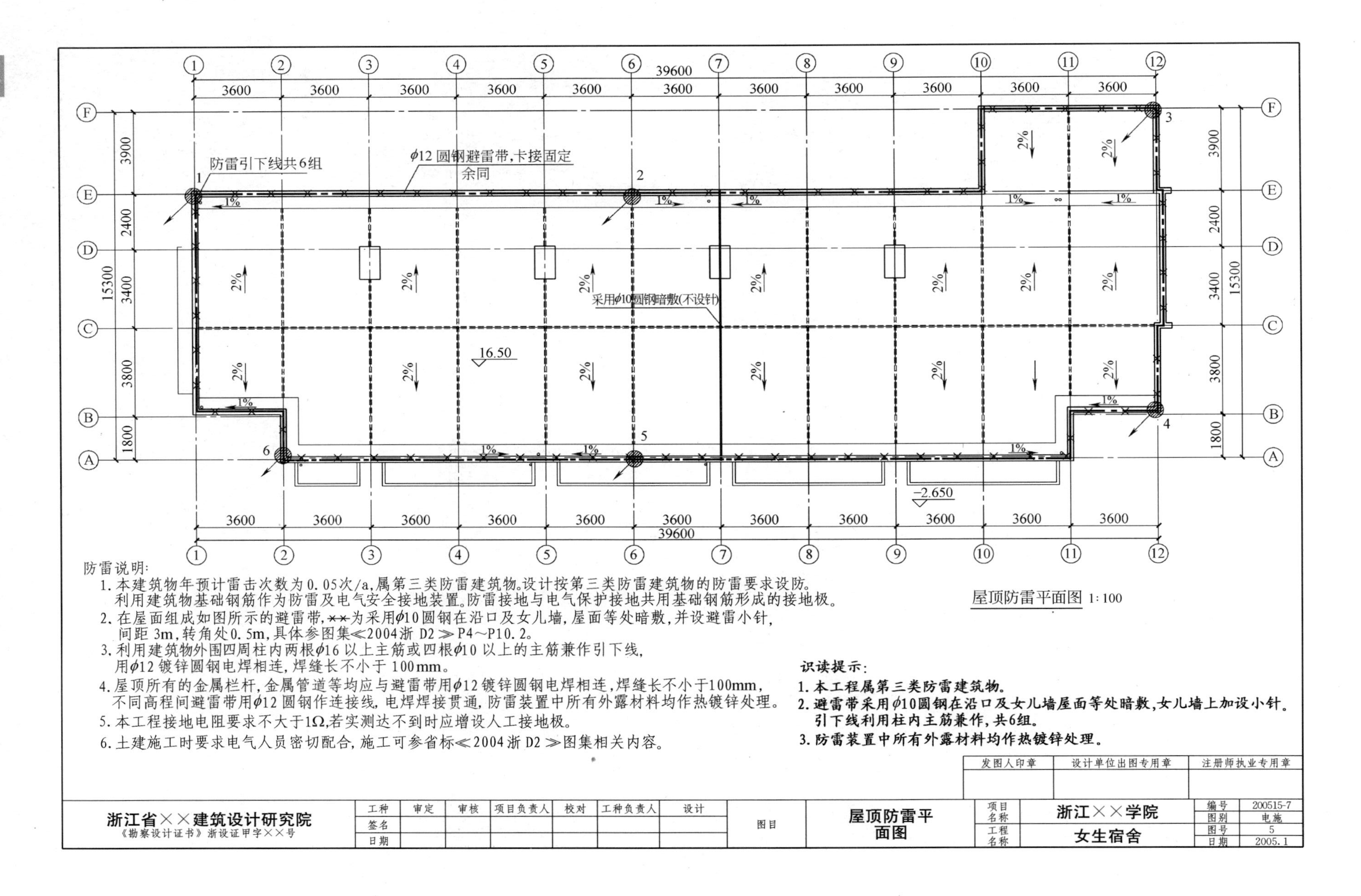

防雷说明:

1. 本建筑物年预计雷击次数为0.05次/a,属第三类防雷建筑物。设计按第三类防雷建筑物的防雷要求设防。利用建筑物基础钢筋作为防雷及电气安全接地装置。防雷接地与电气保护接地共用基础钢筋形成的接地极。
2. 在屋面组成如图所示的避雷带,×-×为采用ϕ10圆钢在沿口及女儿墙,屋面等处暗敷,并设避雷小针,间距3m,转角处0.5m,具体参图集≪2004浙D2≫P4~P10.2。
3. 利用建筑物外围四周柱内两根ϕ16以上主筋或四根ϕ10以上的主筋兼作引下线,用ϕ12镀锌圆钢电焊相连,焊缝长不小于100mm。
4. 屋顶所有的金属栏杆,金属管道等均应与避雷带用ϕ12镀锌圆钢电焊相连,焊缝长不小于100mm,不同高程间避雷带用ϕ12圆钢作连接线,电焊焊接贯通,防雷装置中所有外露材料均作热镀锌处理。
5. 本工程接地电阻要求不大于1Ω,若实测达不到时应增设人工接地极。
6. 土建施工时要求电气人员密切配合,施工可参省标≪2004浙D2≫图集相关内容。

识读提示:

1. 本工程属第三类防雷建筑物。
2. 避雷带采用ϕ10圆钢在沿口及女儿墙屋面等处暗敷,女儿墙上加设小针。引下线利用柱内主筋兼作,共6组。
3. 防雷装置中所有外露材料均作热镀锌处理。

发图人印章	设计单位出图专用章	注册师执业专用章

浙江省××建筑设计研究院 《勘察设计证书》浙设证甲字××号	工种	审定	审核	项目负责人	校对	工种负责人	设计	图目	屋顶防雷平面图	项目名称	浙江××学院	编号	200515-7
	签名											图别	电施
	日期									工程名称	女生宿舍	图号	5
												日期	2005.1

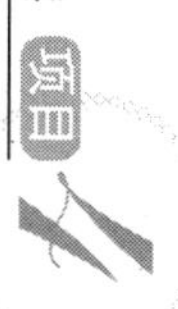

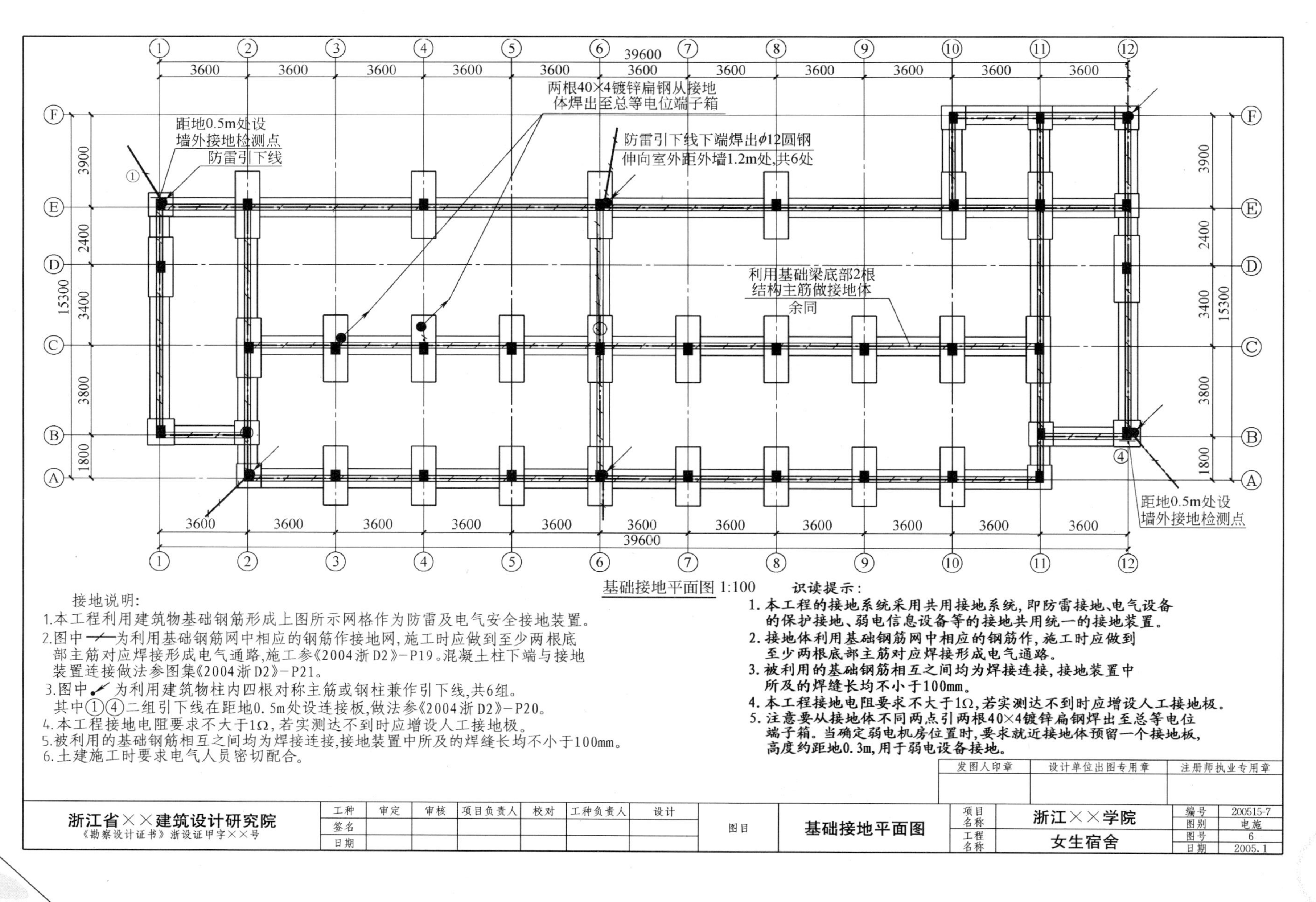

两根40×4镀锌扁钢从接地体焊出至总等电位端子箱
距地0.5m处设墙外接地检测点
防雷引下线
防雷引下线下端焊出ϕ12圆钢伸向室外距外墙1.2m处,共6处
利用基础梁底部2根结构主筋做接地体 余同
距地0.5m处设墙外接地检测点
39600
3600
15300
3900
2400
3400
3800
1800
基础接地平面图 1:100
接地说明:
1.本工程利用建筑物基础钢筋形成上图所示网格作为防雷及电气安全接地装置。
2.图中 为利用基础钢筋网中相应的钢筋作接地网,施工时应做到至少两根底部主筋对应焊接形成电气通路,施工参《2004浙D2》-P19。混凝土柱下端与接地装置连接做法参图集《2004浙D2》-P21。
3.图中 为利用建筑物柱内四根对称主筋或钢柱兼作引下线,共6组。其中①④二组引下线在距地0.5m处设连接板,做法参《2004浙D2》-P20。
4.本工程接地电阻要求不大于1Ω,若实测达不到时应增设人工接地极。
5.被利用的基础钢筋相互之间均为焊接连接,接地装置中所及的焊缝长均不小于100mm。
6.土建施工时要求电气人员密切配合。
识读提示:
1.本工程的接地系统采用共用接地系统,即防雷接地、电气设备的保护接地、弱电信息设备等的接地共用统一的接地装置。
2.接地体利用基础钢筋网中相应的钢筋作,施工时应做到至少两根底部主筋对应焊接形成电气通路。
3.被利用的基础钢筋相互之间均为焊接连接,接地装置中所及的焊缝长均不小于100mm。
4.本工程接地电阻要求不大于1Ω,若实测达不到时应增设人工接地极。
5.注意要从接地体不同两点引两根40×4镀锌扁钢焊出至总等电位端子箱。当确定弱电机房位置时,要求就近接地体预留一个接地板,高度约距地0.3m,用于弱电设备接地。
发图人印章
设计单位出图专用章
注册师执业专用章
浙江省××建筑设计研究院
《勘察设计证书》浙设证甲字××号
工种
审定
审核
项目负责人
校对
工种负责人
设计
签名
日期
图目
基础接地平面图
项目名称
浙江××学院
工程名称
女生宿舍
编号 200515-7
图别 电施
图号 6
日期 2005.1

XIANGMU

项目 5

图纸自审及会审

能力目标： 在正确识读建筑工程各专业施工图的基础上，能对建筑工程施工图进行自审，相互对照，找出常见问题；会对一般的问题提出修改建议；能编制图纸的自审记录；能按照图纸会审要求编制图纸会审纪要。

单元 1

图 纸 自 审

施工人员识读施工图的根本目的是熟悉理解图纸，从而顺利施工。但大量工程实践表明，施工图总是或多或少地存在“漏”、“碰”、“错”等一些问题，以致难以施工。这里的“漏”是指施工内容表达不齐全，有缺漏；这里的“碰”是指同一内容在不同图纸中的表达不一致，有碰头现象；“错”指的是技术错误或表达错误。

这些问题对设计单位来说虽然不应该出现，但也是难免的。因此，在读懂施工图的基础上，施工人员必须对施工图进行校核，找出图纸中的问题，对表达遗漏的内容加以补充，对存在的碰头、错误、不合理的或者无法施工的内容提出修改建议，对不能判断的疑难问题也要记录下来，最终形成图纸自审纪要。自审纪要按照专业编制，下面就实际工程中常见的一些问题归纳并列举如下。

1.1 建筑施工图的自审要点

1.1.1 建筑总平面图

（1）平面设计中建筑物坐标、定位尺寸、标高标注是否个别有误或者缺漏。

（2）竖向设计中场地及道路标高是否不利于排水。

（3）必要的详图设计是否缺漏。

（4）消防车道宽度、距离是否满足消防要求。

1.1.2 建筑设计总说明

（1）装饰做法表达是否完整。

（2）门窗内容表达是否有误：如门窗大小、数量；非标准窗表达不清楚。

（3）电梯（自动扶梯）选择及性能说明是否缺漏。

1.1.3 建筑平面图

（1）底层平面图中指北针、剖面图剖切位置、散水的表示是否缺漏。

（2）局部定位尺寸、标高是否个别有误或者缺漏。

（3）局部房间名称、建筑设备、固定家具布置或做法是否个别缺漏。

（4）门窗编号、数量与门窗表是否一致。

（5）楼梯上下方向标注是否缺漏，或与楼梯详图是否一致。

（6）屋顶平面图中上人孔、水箱、检修梯等是否缺漏。

（7）主要建筑构造节点做法是否缺漏。

1.1.4 建筑立面图

（1）立面图中表达的内容与平面图是否一致。

（2）关键标高标注是否齐全。

（3）平面图中未能表达清楚的窗，立面图中是否标注编号。

（4）外墙装饰做法标注是否齐全。

（5）立面图中构造节点索引标注是否个别有误或者缺漏。

1.1.5 建筑剖面图

（1）轴线编号、尺寸、标高标注是否个别有误或者缺漏。

（2）剖面图应表达的内容是否完整。

1.1.6 建筑详图

（1）楼梯布置是否符合《强制性条文》，如楼梯平台上部及下部过道处的净高违反不应小于2.00m的规定；楼段净高违反不应小于2.20m的规定。

（2）栏杆设计是否符合《强制性条文》，如栏杆高度违反不应小于1.05m的规定，有儿童活动的场所，栏杆设计违反应采用不易攀登的构造规定。

（3）节点详图造型、尺寸、标高与平面图或剖面图是否符合。

1.2 结构施工图的自审要点

1.2.1 结构总说明

（1）结构材料选用及强度等级说明是否完整，包括各部分混凝土强度等级、钢筋种类、砌体块材种类及强度等级、砌筑砂浆种类及等级、后浇带和防水混凝土掺加剂要求等。

（2）有关构造要求说明或者详图是否个别缺漏。

1.2.2 基础平面图

（1）桩位说明是否完整准确，如桩顶标高、桩长、进入持力层深度等，桩基施工控制要求是否合理，沉管或成孔有无困难。

（2）桩位标注是否个别缺漏，与桩基平面图对照是否有误。

（3）基础构件定位是否个别缺漏或者有误。

（4）基础详图是否完整准确。

（5）基础平面位置和高度方向与排水沟、集水井、工艺管沟布置是否碰头。

1.2.3 柱平法施工图

（1）柱布置及定位尺寸标注是否有误，特别注意上下层变截面柱的定位。

（2）柱详图是否个别缺漏或者有误。

1.2.4 墙平法施工图

（1）墙布置及定位尺寸标注是否有误，特别注意上下层变截面墙的定位。

（2）墙身、墙边缘构件、连梁配筋标注是否个别缺漏或者有误。

1.2.5 梁平法施工图

（1）对照建筑平面图的墙体布置，查看梁布置是否合理，梁定位尺寸是否个别缺漏。

（2）梁平法标注内容是否完整准确。

（3）对照建筑施工图的门窗、洞口位置及标高，查看梁面、梁底标高是否合理，有无碰头现象。

（4）查看结构设计是否引起施工困难，比如操作空间不够、施工质量不能保证等。

（5）梁预埋件是否缺漏。

1.2.6 楼（屋）面板结构平面图

（1）对照建筑平面图，查看板面标高是否有误或者缺漏。

（2）现浇板配筋标注是否完整准确。

（3）现浇板预留孔洞、洞口加筋等标注是否无误。

1.2.7 结构详图

（1）结构详图造型、尺寸等是否与建筑详图符合。

（2）结构详图配筋等标注是否有误或者缺漏。

1.3 给水排水施工图的自审要点

（1）对照目录表，看图纸是否有缺漏。

（2）看设计说明的内容，与平面、系统图或材料表表达的内容是否有不一致的地方，比如供水方式、排水体制、管材材料、水箱大小等。

（3）平面图、详图中给水排水管道是否与门窗相碰。

（4）给水排水管道之间，给水排水管道与其他工种的风管、桥架等是否相碰。

（5）给水排水进出户管是否与地梁相碰。

（6）消火栓位置是否与配电箱相碰，喷头的位置是否与暖通专业的风口相碰。

（7）卫生设备安装详图所参标准图集是否标注。

（8）管道在平面图的走向与系统图是否一致，管道管径、标高的标注是否有缺漏或错误。

1.4 电气施工图的自审要点

（1）对照目录表，看图纸是否有缺漏。

（2）看设计说明的内容，与平面、系统图或材料表表达的内容是否有不一致的地方，比如供电方式，管线敷设方式，所选用的灯具、规格、型号、材料等。

（3）平面图看配电箱位置是否合理，暗装是否方便且不破坏结构，有无与给水排水专业消火栓相碰。灯具安装高度是否便于检修维护，位置是否合理，有无和梁相碰或设于梁边的情况。线路的走向是否与其他专业相碰，有无迂回供电，力求做到线路距离最短、便于施工、美观合理。同时要结合其他专业看电气设备位置是否冲突，预留空洞是否有碰撞。

（4）看防雷平面首先复核防雷等级，再就是注意避雷带，避雷网的布置情况是否符合各防雷等级的要求，看敷设方法，引下线的位置及做法是否合理得当。

（5）基础接地平面图看接地形式，接地电阻的大小选择是否合理，看接地测试点的位置、标高及做法等是否已标注。接地总等电位、电梯、设备接地引上线是否有漏缺。

图纸会审

2.1 图纸会审的定义

图纸会审是收到施工图审查中心审查合格的施工图设计文件（包括施工图和审查时变更的联系单）后，由监理单位负责组织施工单位、设计单位、建设单位、材料、设备供货等相关单位，在施工前进行的全面熟悉和会同审查施工图纸的活动。

2.2 图纸会审的目的

图纸会审的目的一是使施工单位和各参建单位熟悉设计图纸，了解工程特点和设计意图，找出需要解决的技术难题，并制定解决方案；二是解决图纸中存在的问题，减少图纸的差错，将图纸中的质量隐患消灭在萌芽之中。

2.3 图纸会审的内容

（1）本专业图纸表达内容有无缺漏或错误，前后图纸之间有无碰头。

（2）各专业之间有无矛盾，如建筑物基础与地沟、工艺设备基础等是否相碰，工艺管道、电气线路、设备装置与建筑物之间或相互间有无矛盾，布置是否合理。

（3）图纸与说明是否符合当地标准。

（4）图纸中要求的施工条件能否满足，材料来源有无保证，新材料、新技术的应用有无问题。

（5）建筑与结构构造是否存在难以施工，不方便施工，或容易导致质量、安全、工程费用增加等方面的问题。

2.4 图纸会审的程序

图纸会审应在施工前进行，基本程序如下：

（1）建设单位或监理单位代表主持会议；

（2）设计单位进行图纸交底；

（3）施工单位、监理单位代表提问题；

（4）逐条研究，统一意见后形成图纸会审记录；

（5）各方签字、盖章后生效。

2.5 图纸会审纪要

(1) 图纸会审纪要由组织会审的单位（一般为监理单位）汇总成文，交设计、施工等单位会签后，定稿打印。

(2) 图纸会审纪要应写明工程名称、会审日期、会审地点、参加会审的单位名称和人员姓名。

(3) 图纸会审纪要经建设单位盖章后，发给持施工图纸的所有单位，其发送份数与施工图纸的份数相同。

(4) 施工图纸提出的问题如涉及到需要补充或修改设计图纸者，应由设计单位负责在一定的期限内交付图纸，如需要变更的工作量不大，也可以联系单的形式出图。

(5) 对会审会议上所提问题的解决办法，施工图纸会审纪要中必须有肯定性的意见。

(6) 施工图纸会审纪要是工程师施工的正式技术文件，不得在会审记录上涂改或变更其内容。

图纸会审纪要和联系单示例详见附录1和附录2。

能力拓展题

3.1 自审记录编制

以浙江××有限公司厂房施工图为例，进行施工图识读，并编制自审记录。

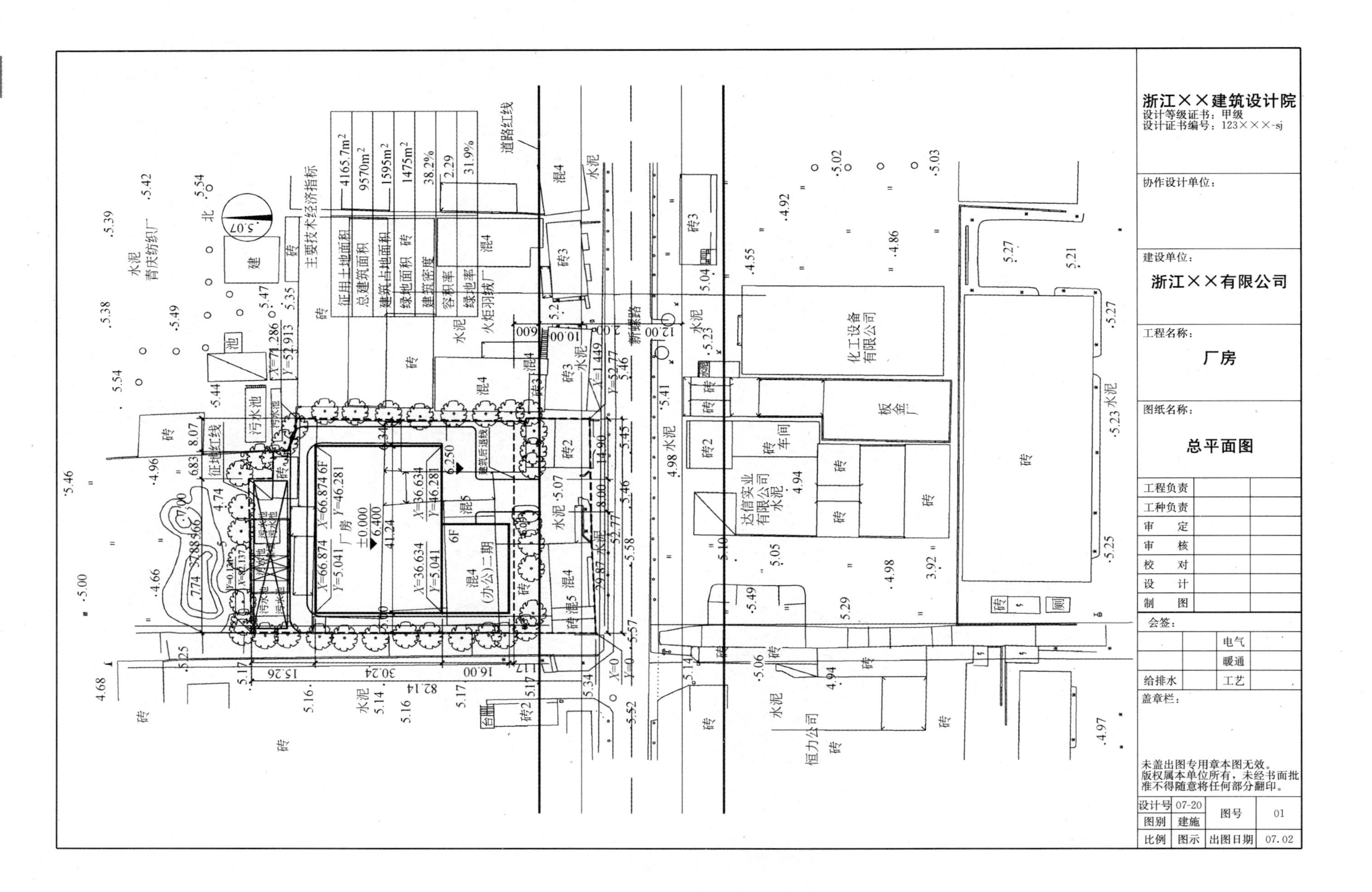

浙江××建筑设计院
设计等级证书：甲级
设计证书编号：123×××-sj
协作设计单位：
建设单位：
浙江××有限公司
工程名称：
厂房
图纸名称：
总平面图
工程负责
工种负责
审定
审核
校对
设计
制图
会签：
电气
暖通
给排水
工艺
盖章栏：
未盖出图专用章本图无效。版权属本单位所有，未经书面批准不得随意将任何部分翻印。
设计号 07-20
图号 01
图别 建施
比例 图示
出图日期 07.02
主要技术经济指标
征用土地面积 4165.7m2
总建筑面积 9570m2
建筑占地面积 1595m2
绿地面积 1475m2
建筑密度 38.2%
容积率 2.29
绿地率 31.9%
道路红线
征地红线
建筑后退线
厂房
6F
混4
(办公)二期
污水池
化工设备有限公司
板金厂
达信实业有限公司
车间
恒力公司
青庆纺织厂
火炬羽绒厂
北

建筑设计总说明

一、设计概况

1. 本工程为浙江××公司车间。本项目为多层建筑，丙类厂房，建筑物主体三层。
2. 本工程总建筑面积为3865m²。
3. 本工程建筑高度为14.95m。
4. 根据有关设计规范，本工程建筑材料耐火等级为二级，建筑耐久年限为二级，抗震设防烈度为六度。
5. 本工程结构形式为钢筋混凝土框架结构体系。
6. 根据甲方要求及合同规定，我院承担本项目的建筑、结构、给水排水、电气等专业设计。

二、设计要求

1. 本建筑物在用地范围内的位置按我院设计的总平面图中所示位置施工。
2. 本建筑物室内地面标高±0.000，相当于绝对标高6.400m。
3. 本设计图纸除注明外，尺寸以“mm”为单位，标高以“m”为单位。
4. 墙体部分：

(1) 本工程根据其结构形式，墙体除注明外均采用黏土多孔砖（20孔）砌筑，厚度除注明外均为240厚。

(2) 墙体均按结构设计要求与结构构件锚固拉结（包括拉结筋、构造柱及圈梁，构造做法详见结施图施工），确保工程安全。

(3) 所有砖墙除注明者外，均在底层室内地坪以下120处做20厚1∶2水泥砂浆防潮层（内掺3%～5%防水剂）。当地坪有高差时，应分别在两地坪以下60处做防潮层。

5. 屋面防水：

(1) 屋面防水等级为Ⅲ级，防水层耐久年限为10年，设防要求一般为一道。

(2) 施工应严格执行屋面工程技术规范GB 50207—94。

6. 门窗：

(1) 所有内外门窗立框位置，除注明者外，一般木门立框与开启方向墙面平，塑钢门、塑钢窗均居墙中。

(2) 除图中注明外，其余门洞位置离墙边或柱边为120。门垛遇构造柱或柱且小于等于120时可采用同标号混凝土一起浇捣。

(3) 门窗为彩色铝合金。门100系列地弹簧门，窗为90系列。

(4) 门窗玻璃一般为平板玻璃，卫生间为压花玻璃。厚度一般门为6厚，窗为5厚。门、窗离地900以下均采用6厚钢化玻璃。

(5) 除选用定型产品外，原则上按本设计所绘立面示意图制作，分格大小可根据实际情况适当调整。

(6) 图中所示尺寸为洞口尺寸，未留施工安装余量，故加工制作时应预以考虑。

(7) 门窗装修五金零件除注明者外，均应按预算定额配齐。

7. 油漆：

(1) 木门为一底二度醇酸调合漆，内门为浅栗色，铝合金颜色看样定货。

(2) 所有金属制品除注明外，均用防锈漆打底，刷醇酸调合油漆一底二度，不露面金属构件均须刷防锈漆二度。

(3) 凡木料与砌体接触部分均满涂沥青。

8. 凡外走廊，卫生间，入口平台地面均比周围房间地面低30，且坡向地漏（$i=0.5\%$）。卫生间及其他有积水的部位砖墙下部做150高C20混凝土。
9. 装修：

(1) 做内、外墙粉刷时，在砖墙与混凝土梁柱相交处先钉300宽钢丝网带。

(2) 外装修所采用的材料、分格及色彩应经设计、建设、施工三方共同协商确定。

10. 当窗台高度低于900时均应加栏杆。栏杆样式、材料由甲方根据需要选用，并经设计院认可后制作安装。
11. 所有沿口、女儿墙压顶、雨篷、窗台、窗顶等挑出墙面部分均需做滴水线，并要求平直、整齐、光洁。
12. 门口踏步及斜坡与道路衔接处，施工时应与道路路面同高。
13. 防雷：应严格按照本设计电施要求，在屋面女儿墙及指定部位设避雷带并与地下防雷接地装置连通，确保防雷安全。
14. 本设计中所有墙体、楼板、梁等结构构件预留孔洞及预埋管线，土建施工时应结合有关工种的图纸密切配合施工，确保定位及几何尺寸准确无误，不允许土建施工完成后再行穿墙打洞。若施工图交待不详，请及时通知有关设计人员。
15. 除以上要求外，未尽事宜均按有关施工规范规定办理，施工过程中若对本设计有疑异，请及时通知有关设计人员，汇同有关方面共同协商解决。
16. 本工程施工及验收均按国家现行的建筑安装施工及验收规范执行。

浙江××建筑设计院
设计等级证书：甲级
设计证书编号：123×××-sj

协作设计单位：

建设单位：
浙江××有限公司

工程名称：
厂房

图纸名称：
建筑设计总说明一

工程负责		
工种负责		
审　定		
审　核		
校　对		
设　计		
制　图		

会签：

建筑		电气	
结构		暖通	
给排水		工艺	

盖章栏：

未盖出图专用章本图无效。
版权属本单位所有，未经书面批准不得随意将任何部分翻印。

设计号	07-20	图号	01
图别	建施		
比例	图示	出图日期	07.02

建筑构造做法表一

工程	编号	工程名称	做法说明	厚度	备注
屋面防水做法	屋3	防水屋面	1.5厚SBS橡胶沥青防水涂料		用于檐沟
			20厚(最薄处)1∶2水泥砂浆找平兼找纵坡		
			现浇钢筋混凝土板		
	屋2	水泥砂浆屋面	20厚1∶2水泥砂浆(加5%防水剂)抹光		用于雨棚
			现浇钢筋混凝土板		
	屋1	屋面	40厚C20细石混凝土(内配 ϕ4双向@150钢筋网)		用于屋面
			按开间设分仓缝,缝内嵌防水油膏		
			4厚黄灰砂浆隔离层		
			3厚SBS改性沥青防水卷材		
			20厚1∶3水泥砂浆找平层		
			憎水珍珠岩保温板80厚,配套胶粘贴		
			现浇钢筋混凝土板找坡,表面抹平		
外墙面做法	外墙1	面砖墙面	毛面砖贴面(规格400×200)	25	做至一层窗台,颜色另定
			8厚1∶1水泥砂浆结合层		
			12厚1∶3水泥砂浆打底		
	外墙2	面砖墙面	面砖贴面	20	做至一层窗台以上,颜色另定
			8厚1∶1水泥砂浆结合层		
			12厚1∶3水泥砂浆打底		
楼地面做法	楼1	地砖楼面	10厚防滑地砖面层(素水泥浆擦缝)	30	楼梯踏步采用带防滑条面砖
			20厚1∶3干硬性水泥砂浆找平层		
			刷素水泥砂浆一道		
			现浇钢筋混凝土板		
	地1	地砖地面	10厚防滑地砖面层(素水泥浆擦缝)		
			20厚1∶2干硬性水泥砂浆结合层		
			撒热粗砂一层粘牢		
			刷冷底子油一道,热沥青两道防潮层		
			100厚C15随捣随抹(表面撒1∶1干水泥砂子压实抹光)		
			素土夯实		

建筑构造做法表一

工程	编号	工程名称	做法说明	厚度	备注
内墙面做法	内墙1	涂料墙面	12厚1∶1∶6水泥石灰砂浆打底	20	
			8厚1∶0.5∶3水泥石灰砂浆粉面		
			刷白色内墙涂料二度		
墙裙踢脚做法	踢1	地砖踢脚	10厚1∶3水泥砂浆打底	20	高为150
			5~8厚1∶2水泥砂浆结合层		
			贴地砖,高150		
顶	顶1	涂料顶棚	白色内墙涂料二度		
			3厚细纸筋灰抹光		
			7厚1∶1∶6水泥石灰砂浆加麻刀抹平		
			钢筋混凝土板底		

门窗表

门窗名称	洞口尺寸	门窗数量	参考图集	备注
FC1518	1500×1800	4	成品甲级防火窗	
FC1521	1500×2100	2	成品甲级防火窗	
FC3521	3500×2100	1	成品甲级防火窗	
FC6318	6370×1800	2	成品甲级防火窗	
FC6321	6370×2100	1	成品甲级防火窗	
FC6518	6500×1500	4	成品甲级防火窗	
FC6521	6500×2100	1	成品甲级防火窗	
FM1221	1200×2100	7	成品乙级防火门	
GFM2130	2100×3000	1	成品甲级钢防火卷帘门	
M0921	900×2100	4	浙J2-93 16M0921	
M0924	900×2400	1	浙J2-93 16M0924	
M1021	1000×2100	2	浙J2-93 16M1021	
TC1215	1200×1500	1	浙J7-91 TLC1215	
TC1515	1500×1500	2	浙J7-91 TLC1515	
TC1518	1500×1800	4	浙J7-91 TLC1518	
TC1815	1800×1500	1	浙J7-91 TLC1815	
TC3621	3600×2100	2	浙J7-91 TLC3621-1	
TC6318	6370×1800	4	浙J7-91 TLC3018-1(参)	
TC6321	6370×2100	1	浙J7-91 TLC3021-1(参)	
TC6518	6500×1800	4	浙J7-91 TLC3018-1(参)	
TC6521	6500×2100	2	浙J7-91 TLC3021-1(参)	
TC7618	7670×1800	8	浙J7-91 TLC3918-1(参)	
TC7621	7670×2100	3	浙J7-91 TLC3921-1(参)	
TC7818	7800×1800	6	浙J7-91 TLC3918-1(参)	
TC7821	7800×2100	3	浙J7-91 TLC3921-1(参)	
TM1824	1800×2400	1	浙J7-91 DLM1824	
TM1830	1800×3000	2	浙J7-91 DLM1830	

浙江××建筑设计院
设计等级证书：甲级
设计证书编号：123×××-sj

协作设计单位：

建设单位：
浙江××有限公司

工程名称：
厂房

图纸名称：
建筑设计总说明二

工程负责		
工种负责		
审定		
审核		
校对		
设计		
制图		

会签：

建筑		电气	
结构		暖通	
给排水		工艺	

盖章栏：

设计号	07-20	图号	02
图别	建施		
比例	图示	出图日期	07.02

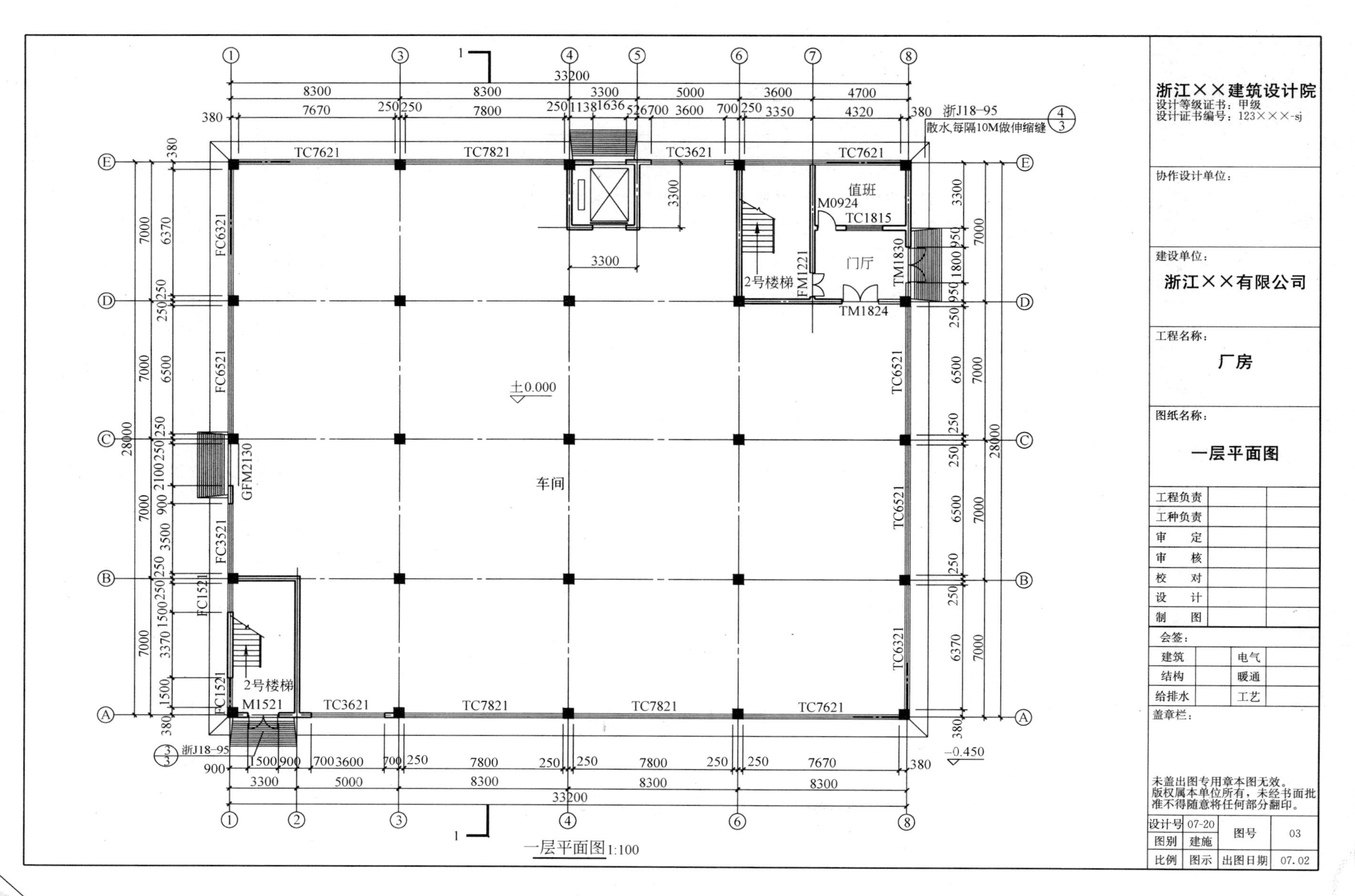
浙江××建筑设计院
设计等级证书：甲级
设计证书编号：123××-sj
协作设计单位：
建设单位：
浙江××有限公司
工程名称：
厂房
图纸名称：
一层平面图
工程负责
工种负责
审定
审核
校对
设计
制图
会签：
建筑
电气
结构
暖通
给排水
工艺
盖章栏：
未盖出图专用章本图无效。版权属本单位所有，未经书面批准不得随意将任何部分翻印。
设计号 07-20
图号 03
图别 建施
比例 图示
出图日期 07.02
车间
门厅
值班
2号楼梯
±0.000
-0.450
散水,每隔10M做伸缩缝
浙J18-95
一层平面图 1:100

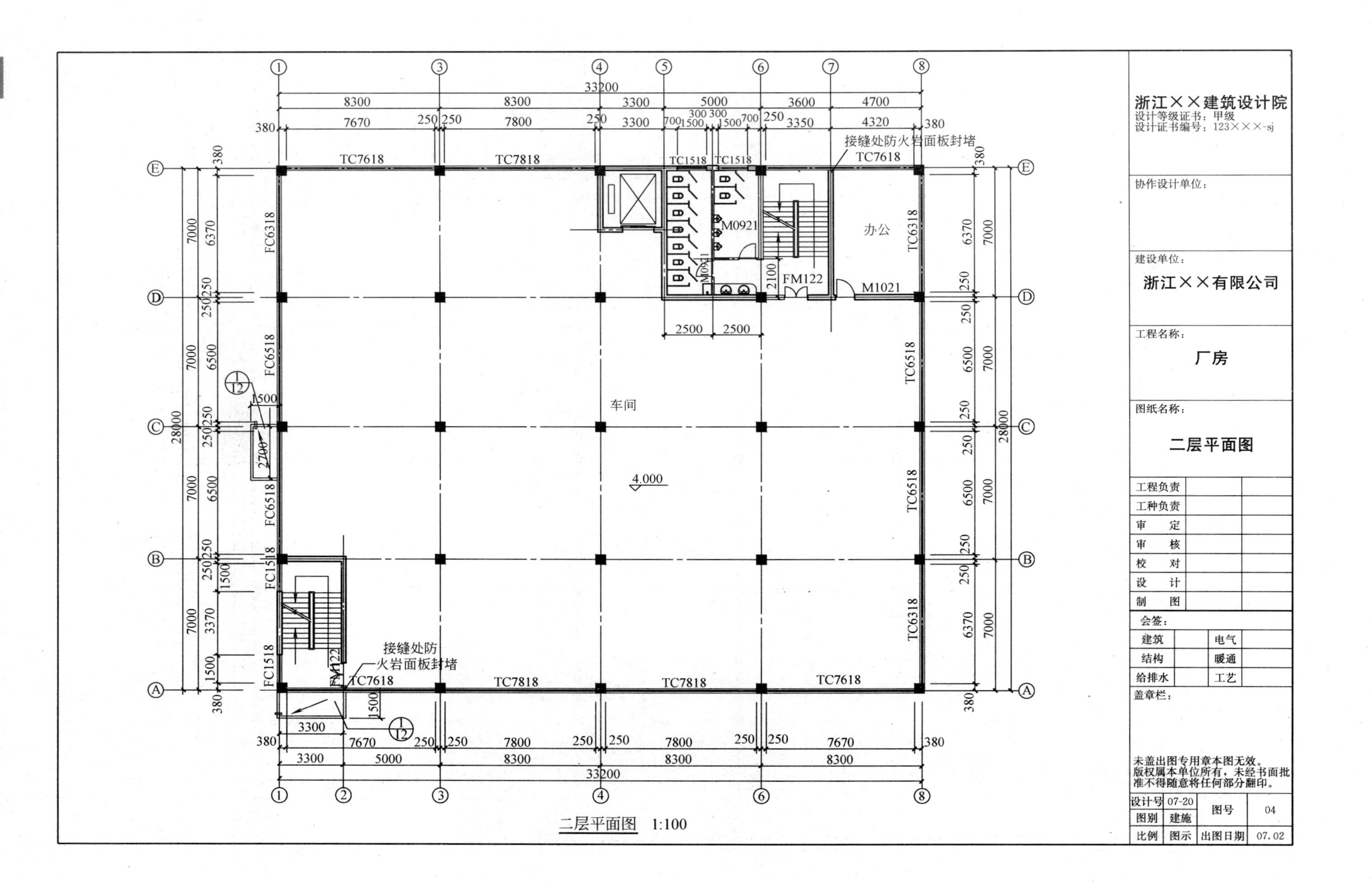
浙江××建筑设计院
设计等级证书：甲级
设计证书编号：123×××-sj
协作设计单位：
建设单位：
浙江××有限公司
工程名称：
厂房
图纸名称：
二层平面图
工程负责
工种负责
审 定
审 核
校 对
设 计
制 图
会签：
建筑
电气
结构
暖通
给排水
工艺
盖章栏：
未盖出图专用章本图无效。
版权属本单位所有，未经书面批准不得随意将任何部分翻印。
设计号 07-20
图别 建施
图号 04
比例 图示
出图日期 07.02
车间
办公
4.000
接缝处防火岩面板封堵
TC7618
TC7818
TC1518
TC6318
TC6518
FC6318
FC6518
FC1518
M0921
FM122
M1021
33200
28000
二层平面图 1:100

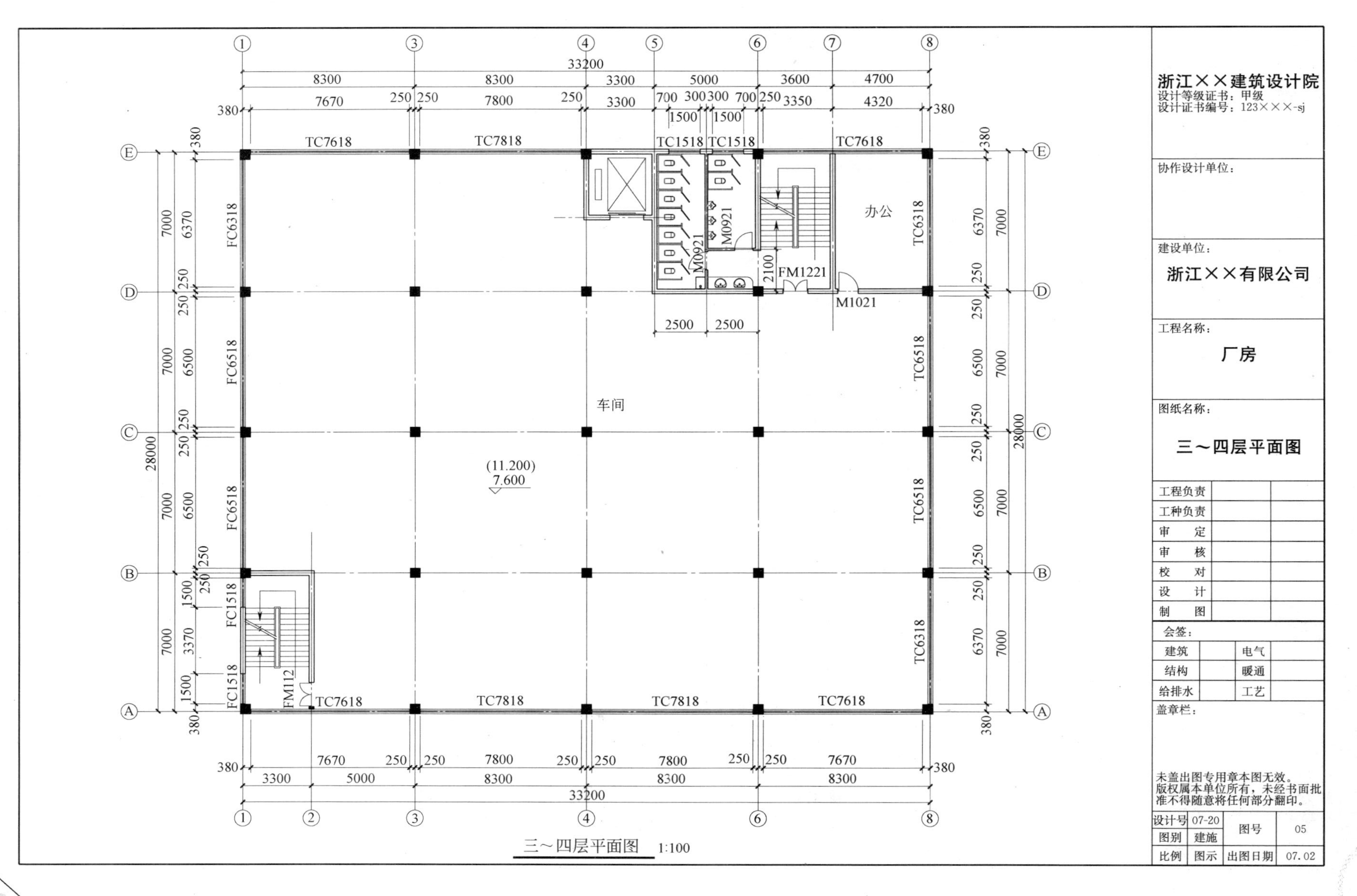
浙江××建筑设计院
设计等级证书：甲级
设计证书编号：123×××-sj
协作设计单位：
建设单位：
浙江××有限公司
工程名称：
厂房
图纸名称：
三～四层平面图
工程负责
工种负责
审 定
审 核
校 对
设 计
制 图
会签：
建筑
电气
结构
暖通
给排水
工艺
盖章栏：
未盖出图专用章本图无效。
版权属本单位所有，未经书面批准不得随意将任何部分翻印。
设计号 07-20
图别 建施
图号 05
比例 图示
出图日期 07.02
办公
车间
(11.200)
7.600
TC7618
TC7818
TC1518
TC6318
TC6518
FC6318
FC6518
FC1518
M1021
FM1221
M0921
FM112
33200
28000

三～四层平面图 1:100

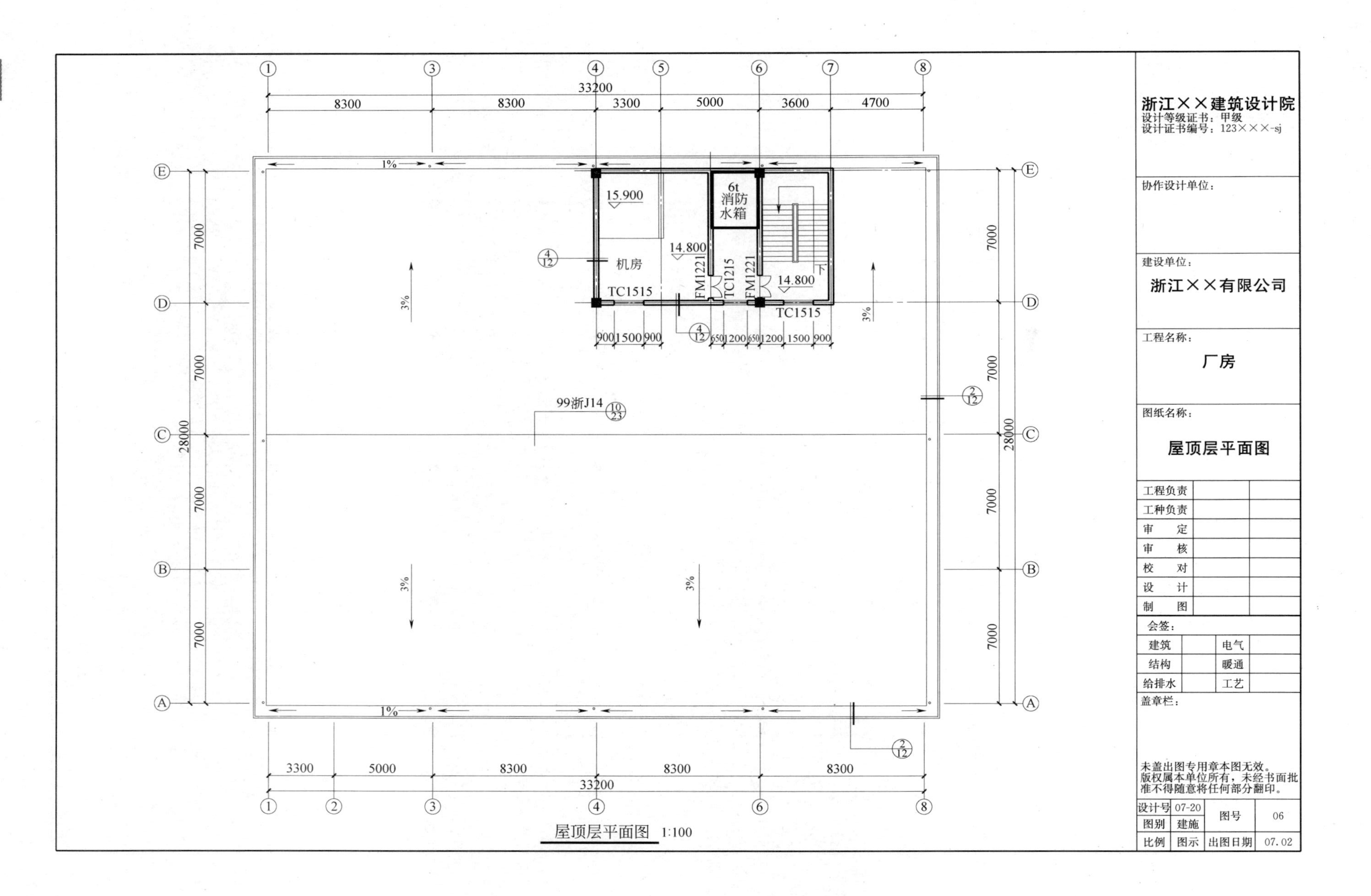

浙江××建筑设计院
设计等级证书：甲级
设计证书编号：123×××-sj
协作设计单位：
建设单位：
浙江××有限公司
工程名称：
厂房
图纸名称：
屋顶层平面图
工程负责
工种负责
审　定
审　核
校　对
设　计
制　图
会签：
建筑
电气
结构
暖通
给排水
工艺
盖章栏：
未盖出图专用章本图无效。
版权属本单位所有，未经书面批准不得随意将任何部分翻印。
设计号 07-20
图别 建施
图号 06
比例 图示
出图日期 07.02
33200
8300
3300
5000
3600
4700
28000
7000
15.900
6t
消防
水箱
14.800
机房
FM1221
TC1215
TC1515
900 1500 900
650 1200 650 1200 1500 900
99浙J14
3%
1%

屋顶层平面图 1:100

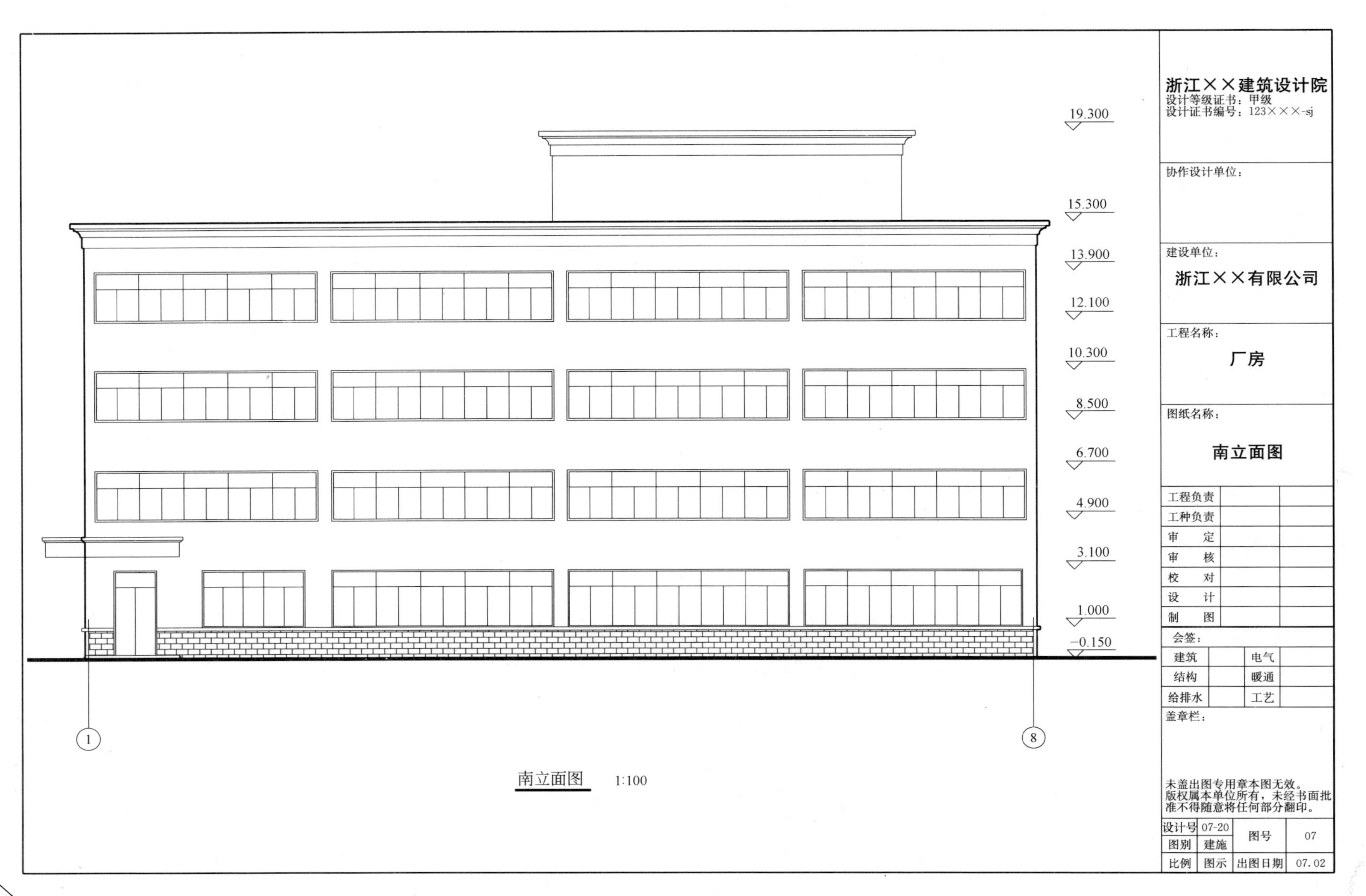

19.300
15.300
13.900
12.100
10.300
8.500
6.700
4.900
3.100
1.000
−0.150
1
8
南立面图 1:100
浙江××建筑设计院
设计等级证书：甲级
设计证书编号：123×××-sj
协作设计单位：
建设单位：
浙江××有限公司
工程名称：
厂房
图纸名称：
南立面图
工程负责
工种负责
审 定
审 核
校 对
设 计
制 图
会签：
建筑
电气
结构
暖通
给排水
工艺
盖章栏：
未盖出图专用章本图无效。
版权属本单位所有，未经书面批准不得随意将任何部分翻印。
设计号 07-20
图别 建施
图号 07
比例
图示
出图日期 07.02

19.300
15.300
13.900
12.100
10.300
8.500
6.700
4.900
3.100
1.000
-0.150
8
1
浙江××建筑设计院
设计等级证书：甲级
设计证书编号：123×××-sj
协作设计单位：
建设单位：
浙江××有限公司
工程名称：
厂房
图纸名称：
北立面图
工程负责
工种负责
审定
审核
校对
设计
制图
会签：
建筑
电气
结构
暖通
给排水
工艺
盖章栏：
未盖出图专用章本图无效。
版权属本单位所有，未经书面批准不得随意将任何部分翻印。
设计号 07-20
图别 建施
图号 08
比例 图示
出图日期 07.02

北立面图 1:100

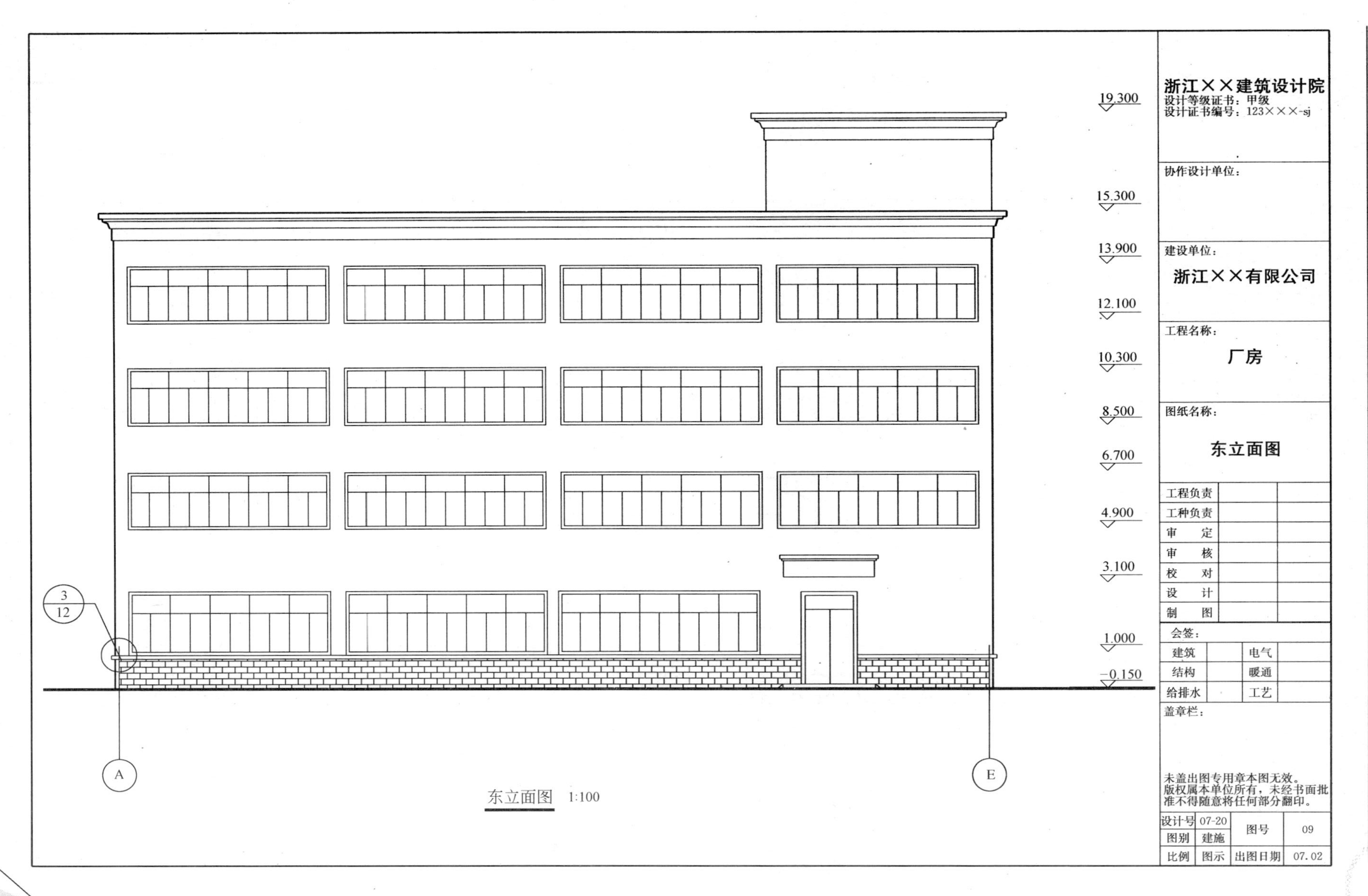
浙江××建筑设计院
设计等级证书：甲级
设计证书编号：123×××-sj
协作设计单位：
建设单位：
浙江××有限公司
工程名称：
厂房
图纸名称：
东立面图
工程负责
工种负责
审定
审核
校对
设计
制图
会签：
建筑
电气
结构
暖通
给排水
工艺
盖章栏：
未盖出图专用章本图无效。版权属本单位所有，未经书面批准不得随意将任何部分翻印。
设计号 07-20
图号 09
图别 建施
比例 图示
出图日期 07.02
19.300
15.300
13.900
12.100
10.300
8.500
6.700
4.900
3.100
1.000
-0.150
3
12
A
E
东立面图 1:100

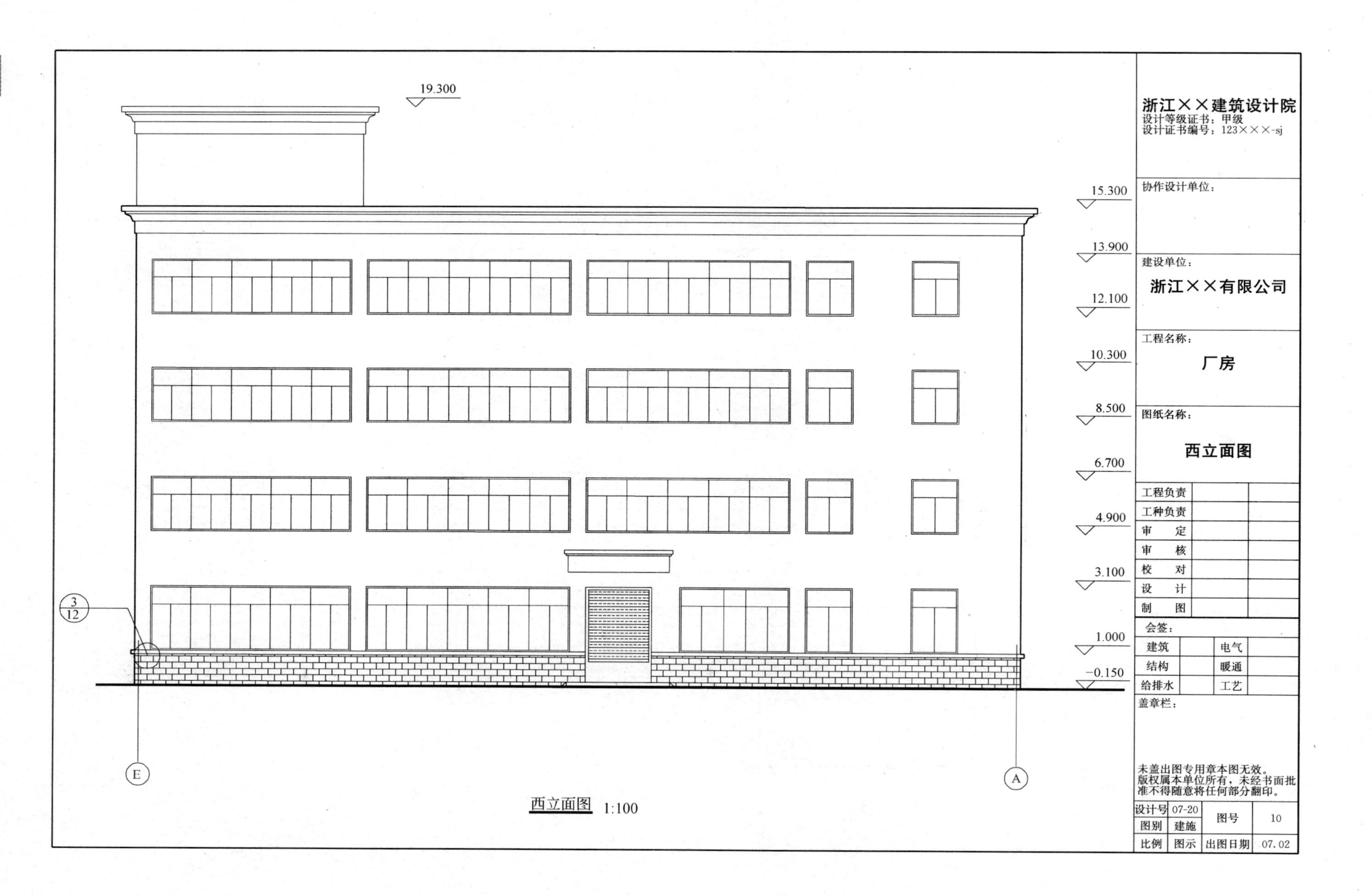

19.300
15.300
13.900
12.100
10.300
8.500
6.700
4.900
3.100
1.000
-0.150
3
12
E
A
浙江××建筑设计院
设计等级证书：甲级
设计证书编号：123×××-sj
协作设计单位：
建设单位：
浙江××有限公司
工程名称：
厂房
图纸名称：
西立面图
工程负责
工种负责
审　定
审　核
校　对
设　计
制　图
会签：
建筑
电气
结构
暖通
给排水
工艺
盖章栏：
未盖出图专用章本图无效。
版权属本单位所有，未经书面批准不得随意将任何部分翻印。
设计号 07-20
图号 10
图别 建施
比例 图示
出图日期 07.02

西立面图 1:100

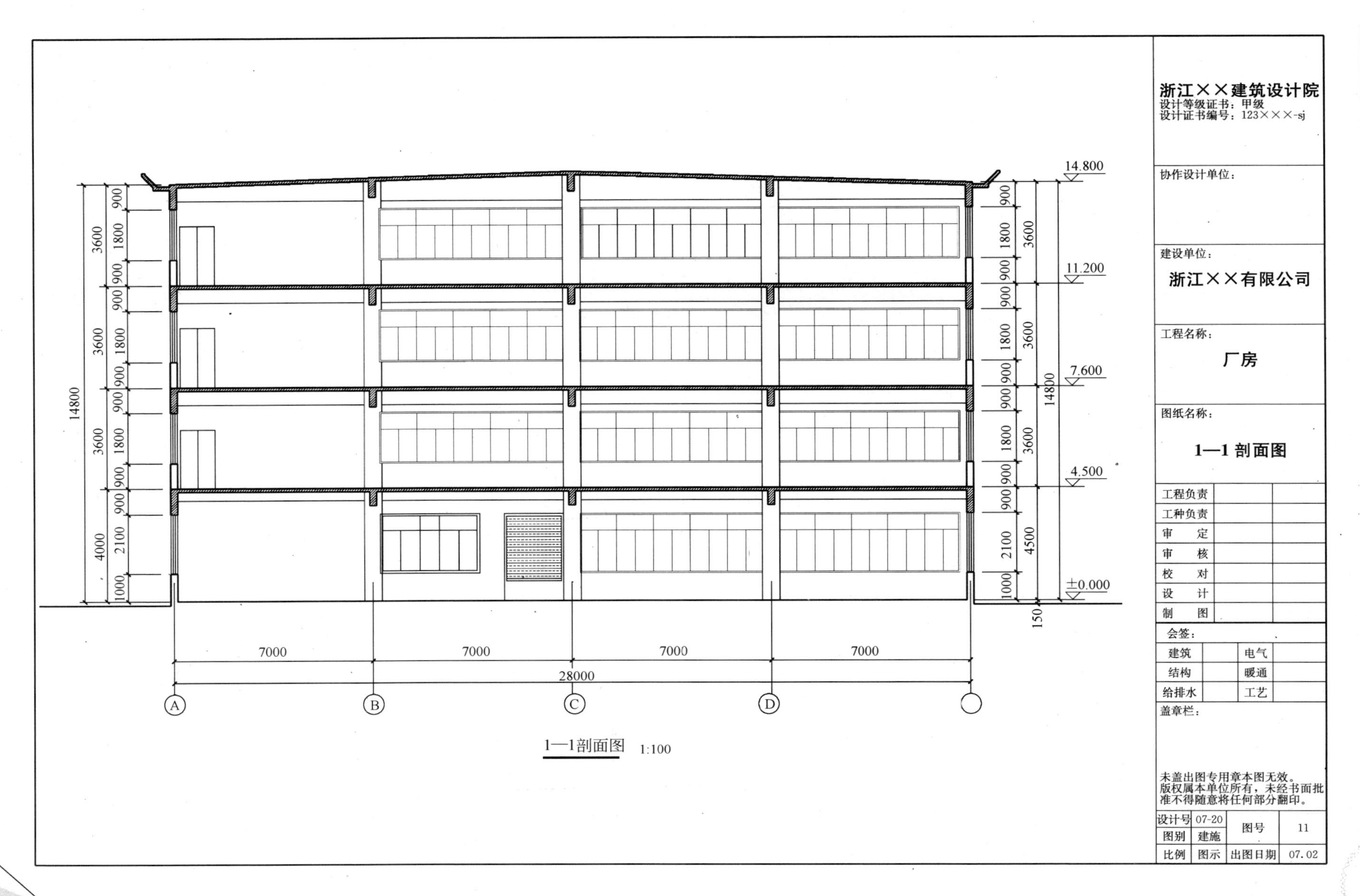
14.800
11.200
7.600
4.500
±0.000
14800
3600
4500
4000
150
900
1800
2100
1000
7000
28000
A
B
C
D
1—1剖面图 1:100
浙江××建筑设计院
设计等级证书：甲级
设计证书编号：123×××-sj
协作设计单位：
建设单位：
浙江××有限公司
工程名称：
厂房
图纸名称：
1—1剖面图
工程负责
工种负责
审定
审核
校对
设计
制图
会签：
建筑
电气
结构
暖通
给排水
工艺
盖章栏：
未盖出图专用章本图无效。版权属本单位所有，未经书面批准不得随意将任何部分翻印。
设计号 07-20
图别 建施
图号 11
比例 图示
出图日期 07.02

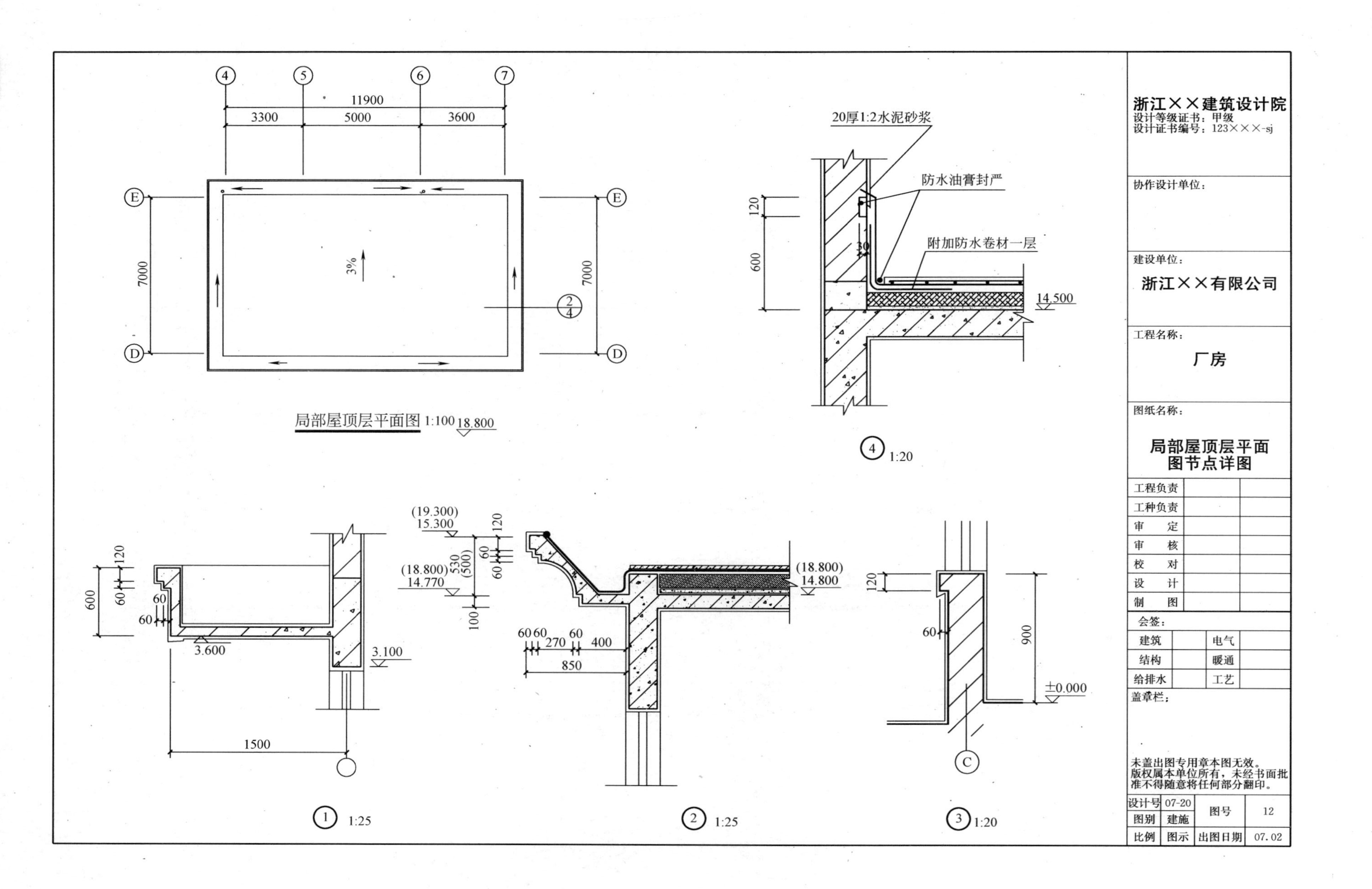

4
5
6
7
11900
3300
5000
3600
E
D
7000
3%
2
4
局部屋顶层平面图 1:100 18.800
20厚1:2水泥砂浆
防水油膏封严
附加防水卷材一层
120
600
30
14.500
4 1:20
(19.300)
15.300
(18.800)
14.770
530
(500)
100
120
60
600
3.600
3.100
1500
1 1:25
(18.800)
14.800
60 60
270
400
850
2 1:25
900
±0.000
C
3 1:20
浙江××建筑设计院
设计等级证书：甲级
设计证书编号：123×××-sj
协作设计单位：
建设单位：
浙江××有限公司
工程名称：
厂房
图纸名称：
局部屋顶层平面图节点详图
工程负责
工种负责
审 定
审 核
校 对
设 计
制 图
会签：
建筑
电气
结构
暖通
给排水
工艺
盖章栏：
未盖出图专用章本图无效。
版权属本单位所有，未经书面批准不得随意将任何部分翻印。
设计号 07-20
图别 建施
图号 12
比例 图示
出图日期 07.02

结构设计总说明

一、设计总则

1. 本工程设计标高±0.000相当于绝对标高见建筑说明。
2. 标高以"m"计，其余尺寸以"mm"计。
3. 本工程依据现行国家标准规范、规程和有关审批文件进行设计。
4. 施工中应严格遵守国家各项施工及验收规范，本设计未考虑高温及冬雨期施工措施，施工单位应根据有关施工规范自定。
5. 本工程抗震设防烈度为六度，设计基本地震加速度值为0.05g，建筑抗震重要性类别为丙类，房屋总高度14.8m，层数为四层，房屋结构使用年限50年，结构安全等级为二级，框架抗震等级为三级，场地土类别Ⅲ类。
6. 本工程为框架结构体系。
7. 基础说明另详。基础设计等级为丙级。
8. 设计活荷载标准值

车间	3.0kN/m²	卫生间	2.5kN/m²
楼梯间	3.5kN/m²	机房	7.0kN/m²
不上人屋面	0.5kN/m²		

按《建筑结构荷载规范》(GB 50009—2001)，基本风压值0.45kN/m²，地面粗糙度B类，基本雪压值0.45kN/m²。楼层房间应按建筑图中注明内容使用，未经设计单位同意，不得任意更改使用内容，同时也不得在楼层梁板上增设建筑图中未标注的隔墙（泰柏板等轻质隔墙除外）。

9. 凡预留洞、预埋件均应严格按照结构图并配合其他工程图纸进行施工，未经结构设计人员同意，严禁自行留洞或事后凿洞，施工洞的留设必须征得设计单位的同意。
10. 本工程按图标设计图集《混凝土结构施图平面整体表示方法制图规则和构造详图》×03G 101—1）制图和施工。
11. 若各图单独说明与本说明有矛盾，请及时与设计单位联系。

二、材料

1. 钢材：(1) 钢筋：Φ为HPB235，Φ为HRB335。
(2) 钢板与型钢：Q235。
(3) 所有外露铁件均应除锈涂红丹两道，刷防锈漆两度。
2. 焊条：E43型：用于钢筋与钢板型钢焊接，HPB235焊接，HPB235与HRB335焊接。
E50型：用于HRB335焊接。
3. 混凝土除注明外均为C25。
4. 墙体：(1) 标高±0.000以下采用MU10烧结普通砖，M7.5水泥砂浆实砌砌体。
(2) 标高±0.000以上外墙、楼梯间、电梯间、卫生间墙体采用MU10多孔砖（KP1型），M7.5混合砂浆实砌砌体。

三、结构构造与施工要求

1. 钢筋的混凝土保护层：
(1) 室内正常环境下受力钢筋混凝土保护层厚度，板为15mm，梁为20mm，柱为30mm。
(2) 基础梁、板、柱底面钢筋的混凝土保护层厚度40mm。
(3) 屋顶女儿墙采用MU10烧结普通砖，M5.0混合砂浆实砌砌体。
2. 柱顶层主筋必须弯入屋面纵横梁内锚固，详见(03G 101—1)。
3. 当梁与柱边齐平时，除在基础中地梁主筋应在柱的纵筋外面外，其余梁的主筋应弯入柱子的纵筋里面。
4. 纵向受力钢筋最小锚固长度 L_a，搭接长度 L_d，锚固长度 L_{ae} 取值详见下表。

普通钢筋 $L_a = a\frac{f_y}{f_t}d$

钢筋类型	光面钢筋	带肋钢筋
a	0.16	0.14

抗震等级	三、四级
锚固长度 L_{aE}	L_a
搭接长度 L_d	$1.2L_a$

5. 悬臂梁、悬挑板的支撑须待混凝土强度达到100%后方可拆除。
6. 所有以断面表示的梁，其主筋的锚固长度≥L_{ae}。
7. 板上开洞加强筋示意详见图1（除图中注明外）。梁上开洞加强筋示意详见图5。
8. 梁上设置柱时，节点详见图2。
9. 梁除详图注明外，应按施工规范起拱。
10. 楼梯间四周墙体均为先砌墙后浇梁柱，凡是半砖墙均为后砌填充墙。
11. 墙体拉结筋的设置，梁、柱箍筋加密，构造柱边砌体马牙槎的砌筑等构造措施均采用《烧结多孔砖及烧结空心砖房屋建筑构造》(浙J20-95)。墙长大于5m时，墙中设置构造柱GZ。框架结构中所有构造柱与框架梁的连接详见图6。框架结构中所有构造柱与框架梁的连接详见图6。
12. 所有门窗洞顶除已有梁外，均设置C20混凝土过梁，详见图3。若洞在柱边时详见图4。

四、钢筋混凝土结构施工中必须密切配合建施、电施、水施、暖施等有关图纸施工。如配合建施图的栏杆、钢梯、门窗安装等设置预埋件或预留孔洞，柱与墙身的拉接钢筋等。电施的预埋管线防雷装置接地与柱内纵筋焊成一体，电施预埋铁板等。水施图中的预埋管及预留洞等。

五、沉降观测点均设置于勒脚上口，点位选设在建筑物的四角、大转角处及沿外墙每15m处沉降观测自施工至±0.000时首次观测，以后待每层结构完成观测一次，结顶以后每月观测观测一次，竣工后每半年观测一次，观测资料由施工单位保存，并送我院一份作分析备用。

六、本说明未及之处按现行规范和有关施工图执行。

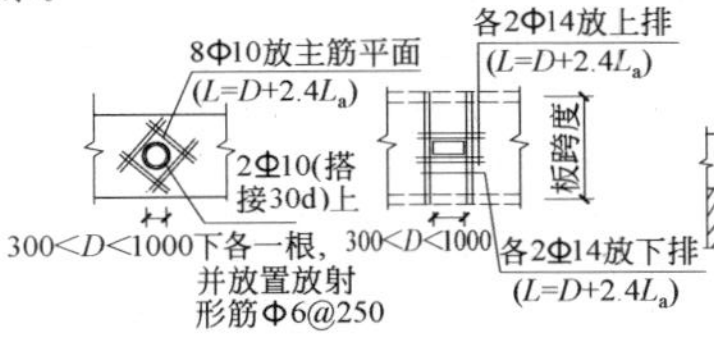

图1 板上开洞加强筋示意

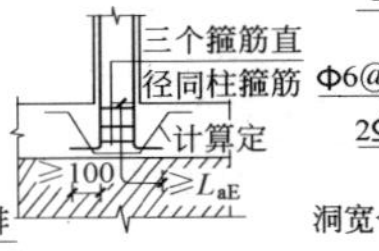

图2 梁上种柱节点

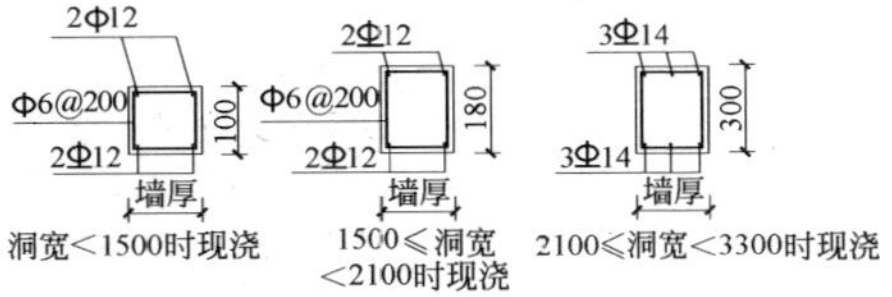

图3 门窗洞口梁图

过梁长度 = 洞口宽度 +500

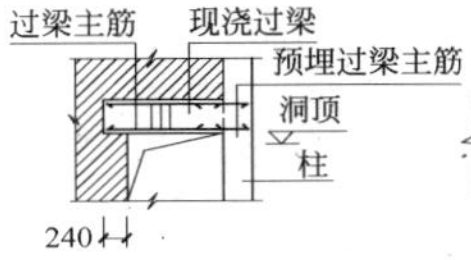

图4 柱边过梁

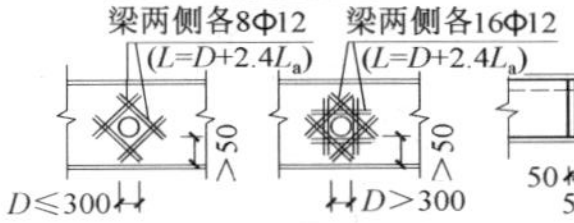

图5 梁上开洞加强筋示意

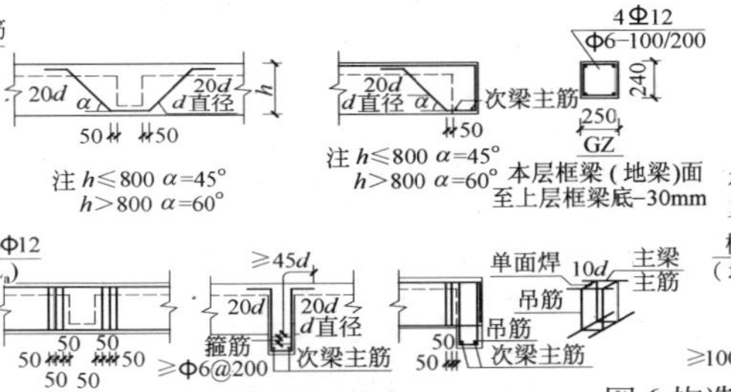

附加吊筋和箍筋

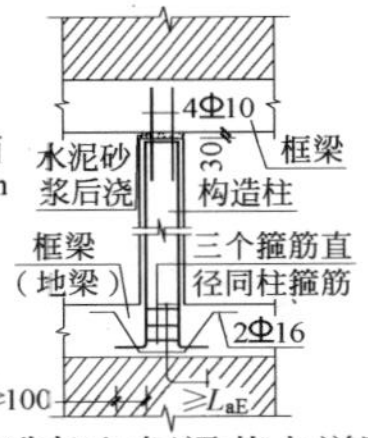

图6 构造柱与框梁节点详图

浙江××建筑设计院 设计等级证书：甲级 设计证书编号：123×××-sj Zhejiang Jianyuan	
协作设计单位：	
建设单位：	浙江××有限公司
工程名称：	厂房
图纸名称：	结构设计总说明及节点详图
工程负责	
工种负责	
审　定	
审　核	
校　对	
设　计	
制　图	

会签：

建筑		电气	
结构		暖通	
给排水		工艺	

盖章栏：

未盖出图专用章本图无效。版权属本单位所有，未经书面批准不得随意将任何部分翻印。

设计号	07-20	图号	01
图别	结施		
比例	图示	出图日期	07.02

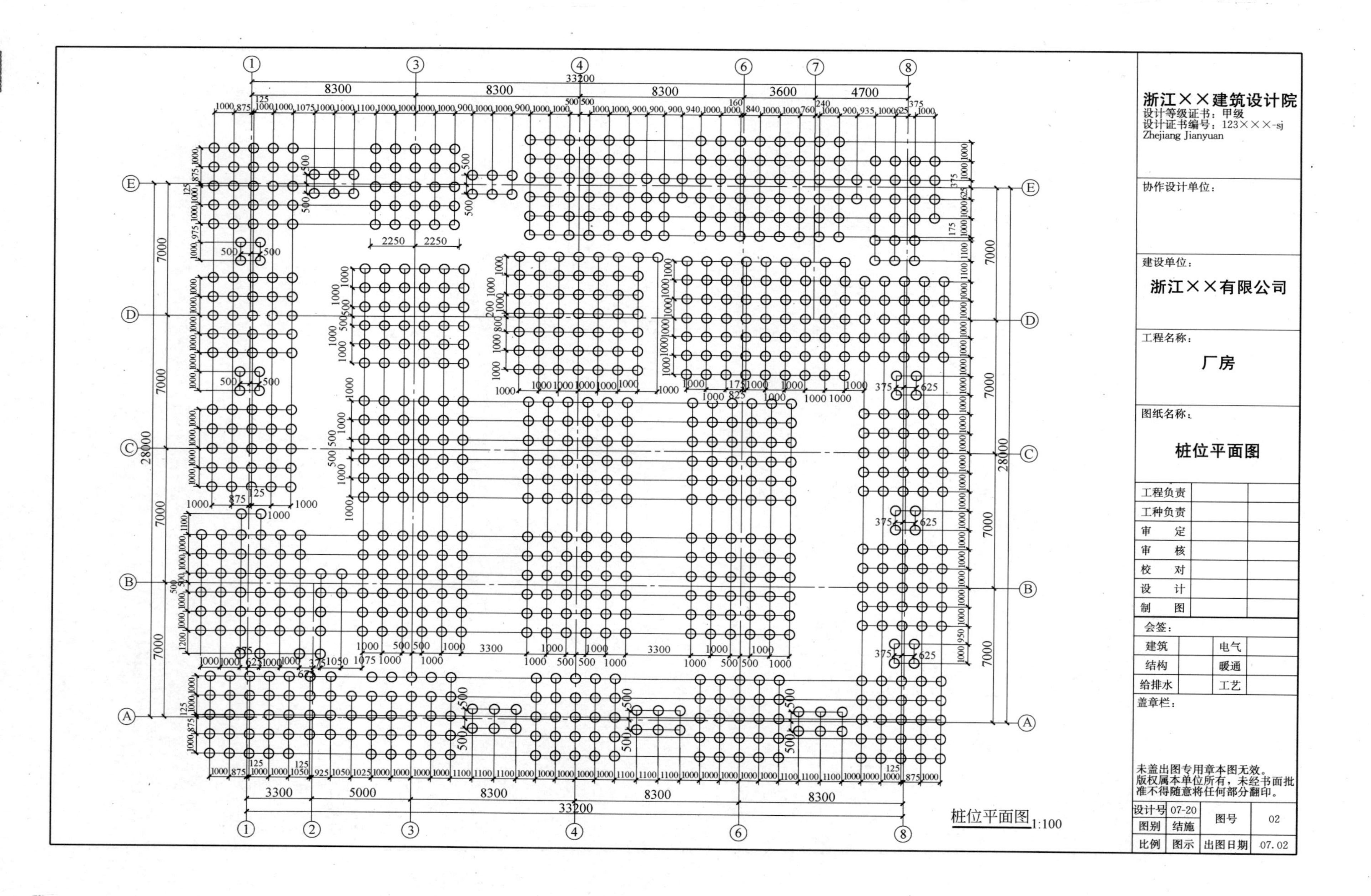
浙江××建筑设计院
设计等级证书：甲级
设计证书编号：123×××-sj
Zhejiang Jianyuan
协作设计单位：
建设单位：
浙江××有限公司
工程名称：
厂房
图纸名称：
桩位平面图
工程负责
工种负责
审 定
审 核
校 对
设 计
制 图
会签：
建筑
电气
结构
暖通
给排水
工艺
盖章栏：
未盖出图专用章本图无效。
版权属本单位所有，未经书面批准不得随意将任何部分翻印。
设计号 07-20
图号 02
图别 结施
比例 图示
出图日期 07.02
33200
28000
桩位平面图1:100

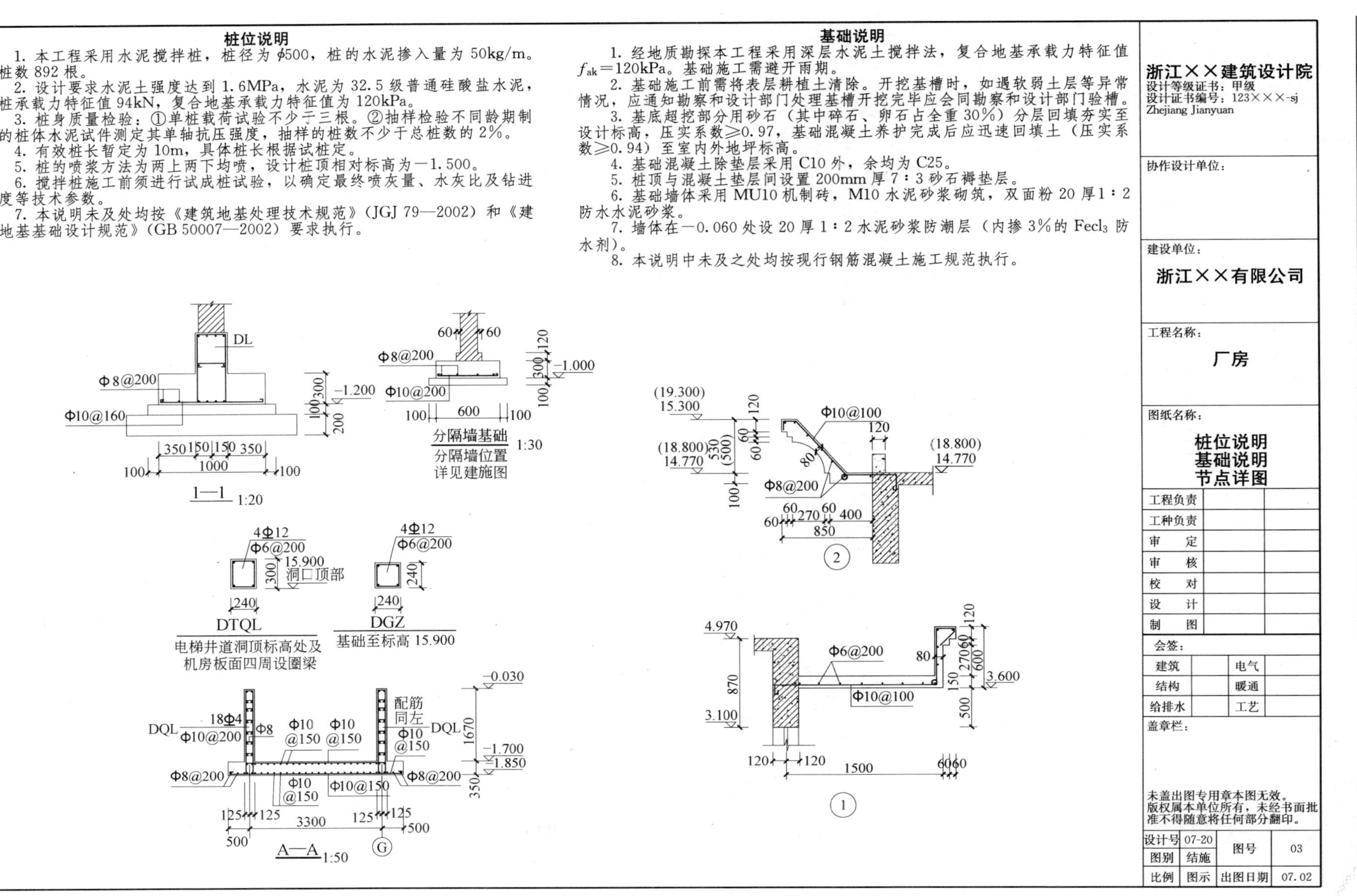

桩位说明

1. 本工程采用水泥搅拌桩，桩径为 ϕ500，桩的水泥掺入量为 50kg/m。总桩数 892 根。
2. 设计要求水泥土强度达到 1.6MPa，水泥为 32.5 级普通硅酸盐水泥，单桩承载力特征值 94kN，复合地基承载力特征值为 120kPa。
3. 桩身质量检验：①单桩载荷试验不少于三根。②抽样检验不同龄期制作的桩体水泥试件测定其单轴抗压强度，抽样的桩数不少于总桩数的 2%。
4. 有效桩长暂定为 10m，具体桩长根据试桩定。
5. 桩的喷浆方法为两上两下均喷，设计桩顶相对标高为－1.500。
6. 搅拌桩施工前须进行试成桩试验，以确定最终喷灰量、水灰比及钻进速度等技术参数。
7. 本说明未及处均按《建筑地基处理技术规范》(JGJ 79—2002) 和《建筑地基基础设计规范》(GB 50007—2002) 要求执行。

基础说明

1. 经地质勘探本工程采用深层水泥土搅拌法，复合地基承载力特征值 f_{ak}=120kPa。基础施工需避开雨期。
2. 基础施工前需将表层耕植土清除。开挖基槽时，如遇软弱土层等异常情况，应通知勘察和设计部门处理基槽开挖完毕应会同勘察和设计部门验槽。
3. 基底超挖部分用砂石（其中碎石、卵石占全重 30%）分层回填夯实至设计标高，压实系数≥0.97，基础混凝土养护完成后应迅速回填土（压实系数≥0.94）至室内外地坪标高。
4. 基础混凝土除垫层采用 C10 外，余均为 C25。
5. 桩顶与混凝土垫层间设置 200mm 厚 7∶3 砂石褥垫层。
6. 基础墙体采用 MU10 机制砖，M10 水泥砂浆砌筑，双面粉 20 厚 1∶2 防水水泥砂浆。
7. 墙体在－0.060 处设 20 厚 1∶2 水泥砂浆防潮层（内掺 3% 的 $FeCl_3$ 防水剂）。
8. 本说明中未及之处均按现行钢筋混凝土施工规范执行。

浙江××建筑设计院 设计等级证书：甲级 设计证书编号：123×××-sj Zhejiang Jianyuan
协作设计单位：
建设单位：浙江××有限公司
工程名称：厂房
图纸名称：桩位说明 基础说明 节点详图

工程负责	
工种负责	
审定	
审核	
校对	
设计	
制图	

会签：

建筑		电气	
结构		暖通	
给排水		工艺	

盖章栏：

未盖出图专用章本图无效。版权属本单位所有，未经书面批准不得随意将任何部分翻印。

设计号	07-20	图号	03
图别	结施		
比例	图示	出图日期	07.02

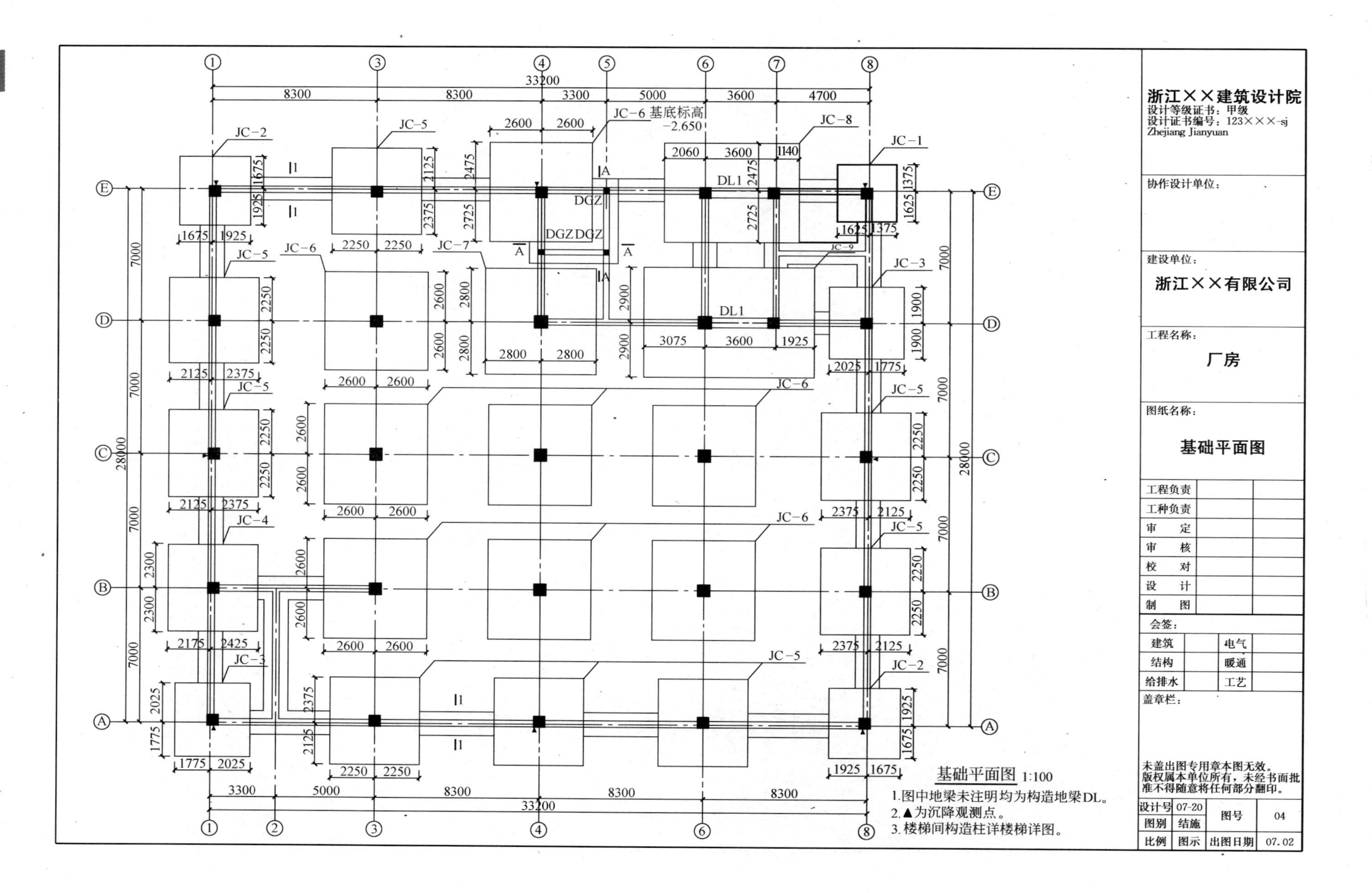

浙江××建筑设计院
设计等级证书：甲级
设计证书编号：123×××-sj
Zhejiang Jianyuan
协作设计单位：
建设单位：
浙江××有限公司
工程名称：
厂房
图纸名称：
基础平面图
工程负责
工种负责
审　定
审　核
校　对
设　计
制　图
会签：
建筑
电气
结构
暖通
给排水
工艺
盖章栏：
未盖出图专用章本图无效。
版权属本单位所有，未经书面批准不得随意将任何部分翻印。
设计号 07-20
图别 结施
图号 04
比例
图示
出图日期 07.02
JC-1
JC-2
JC-3
JC-4
JC-5
JC-6
JC-7
JC-8
JC-9
JC-6 基底标高 -2.650
DL1
DGZ
33200
28000
8300
3300
5000
3600
4700
7000
基础平面图 1:100
1.图中地梁未注明均为构造地梁DL。
2.▲为沉降观测点。
3.楼梯间构造柱详楼梯详图。

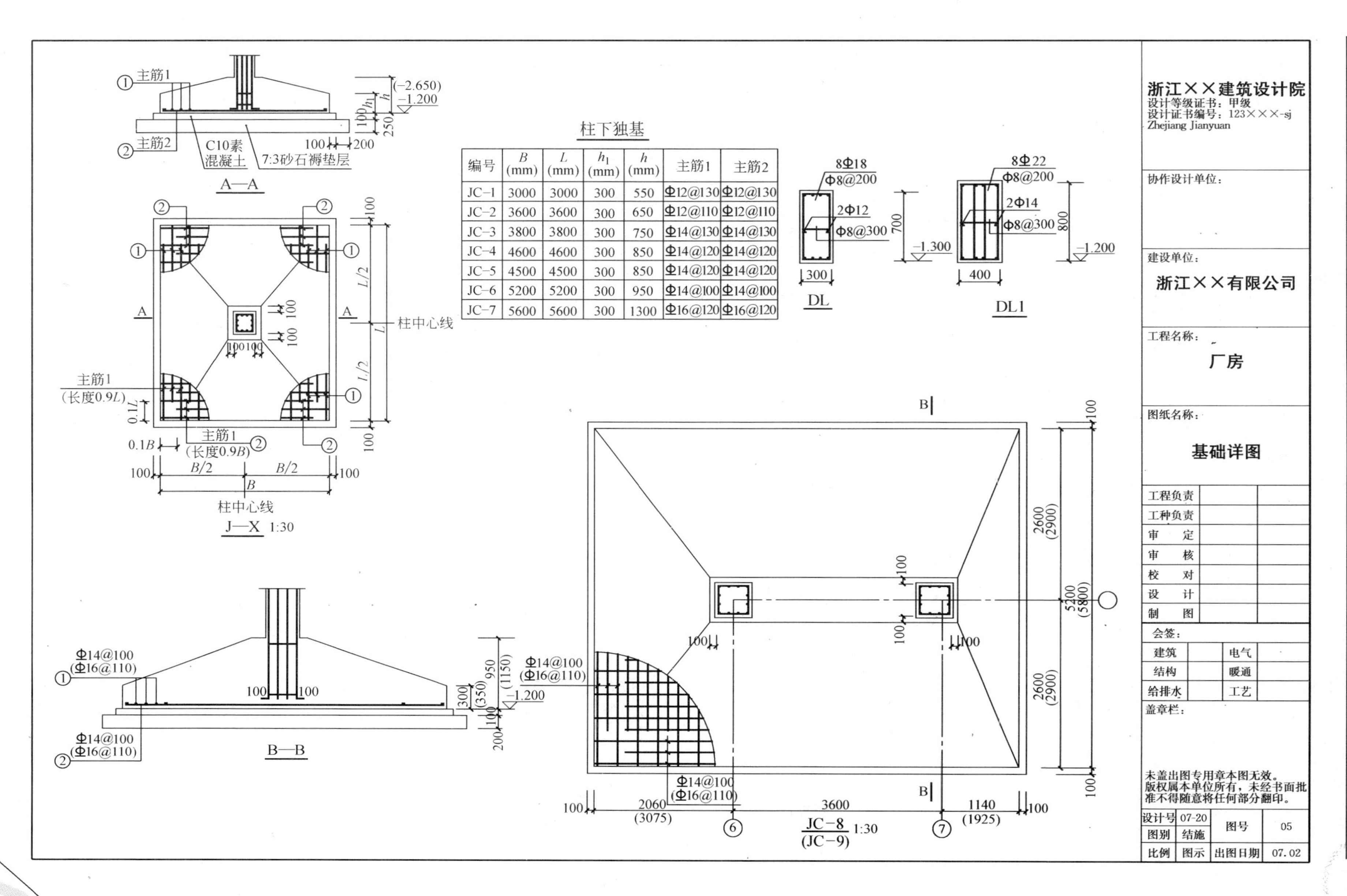

柱下独基

编号	B (mm)	L (mm)	h_1 (mm)	h (mm)	主筋1	主筋2
JC-1	3000	3000	300	550	Φ12@130	Φ12@130
JC-2	3600	3600	300	650	Φ12@110	Φ12@110
JC-3	3800	3800	300	750	Φ14@130	Φ14@130
JC-4	4600	4600	300	850	Φ14@120	Φ14@120
JC-5	4500	4500	300	850	Φ14@120	Φ14@120
JC-6	5200	5200	300	950	Φ14@100	Φ14@100
JC-7	5600	5600	300	1300	Φ16@120	Φ16@120

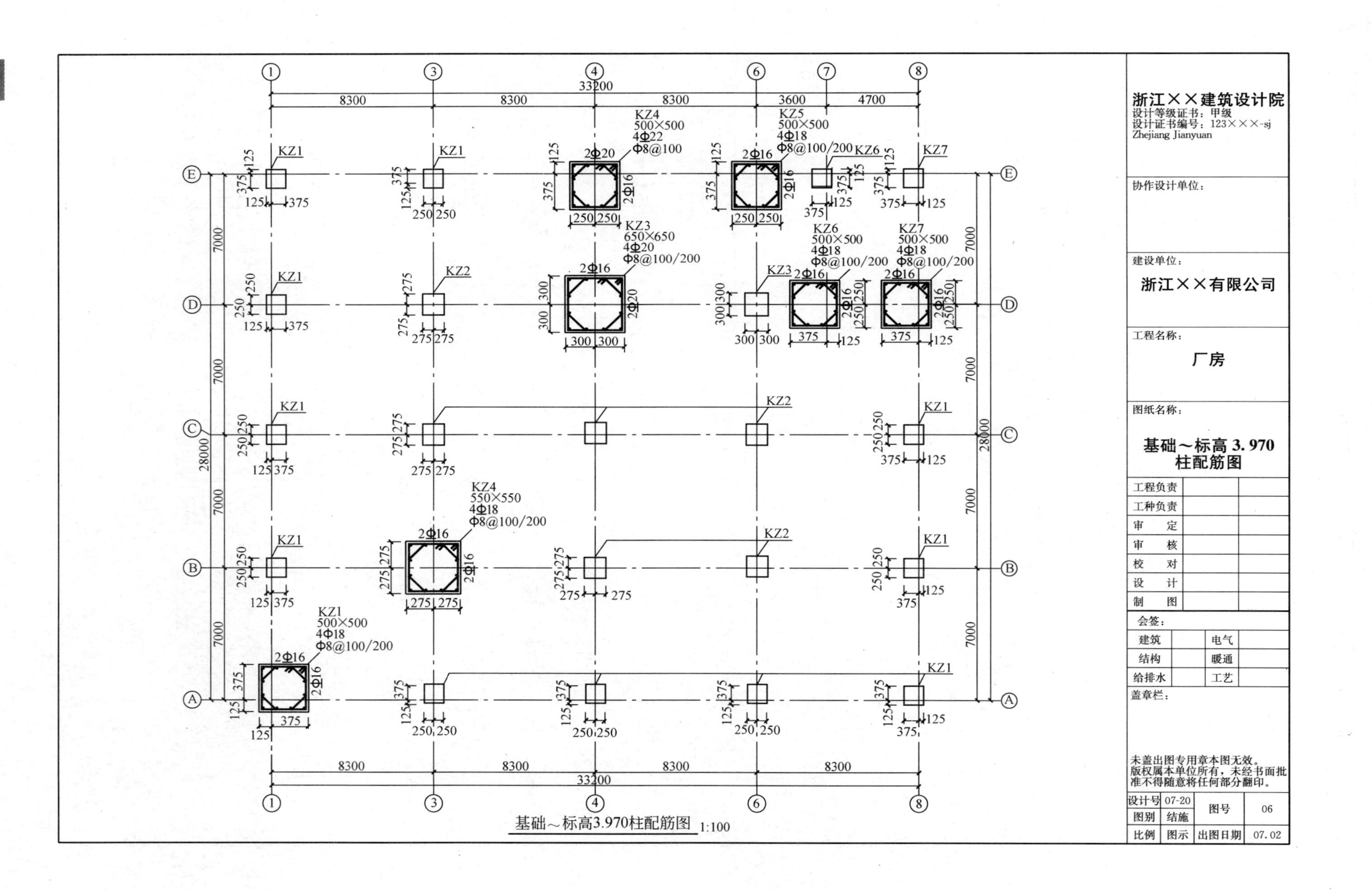

基础～标高3.970柱配筋图 1:100

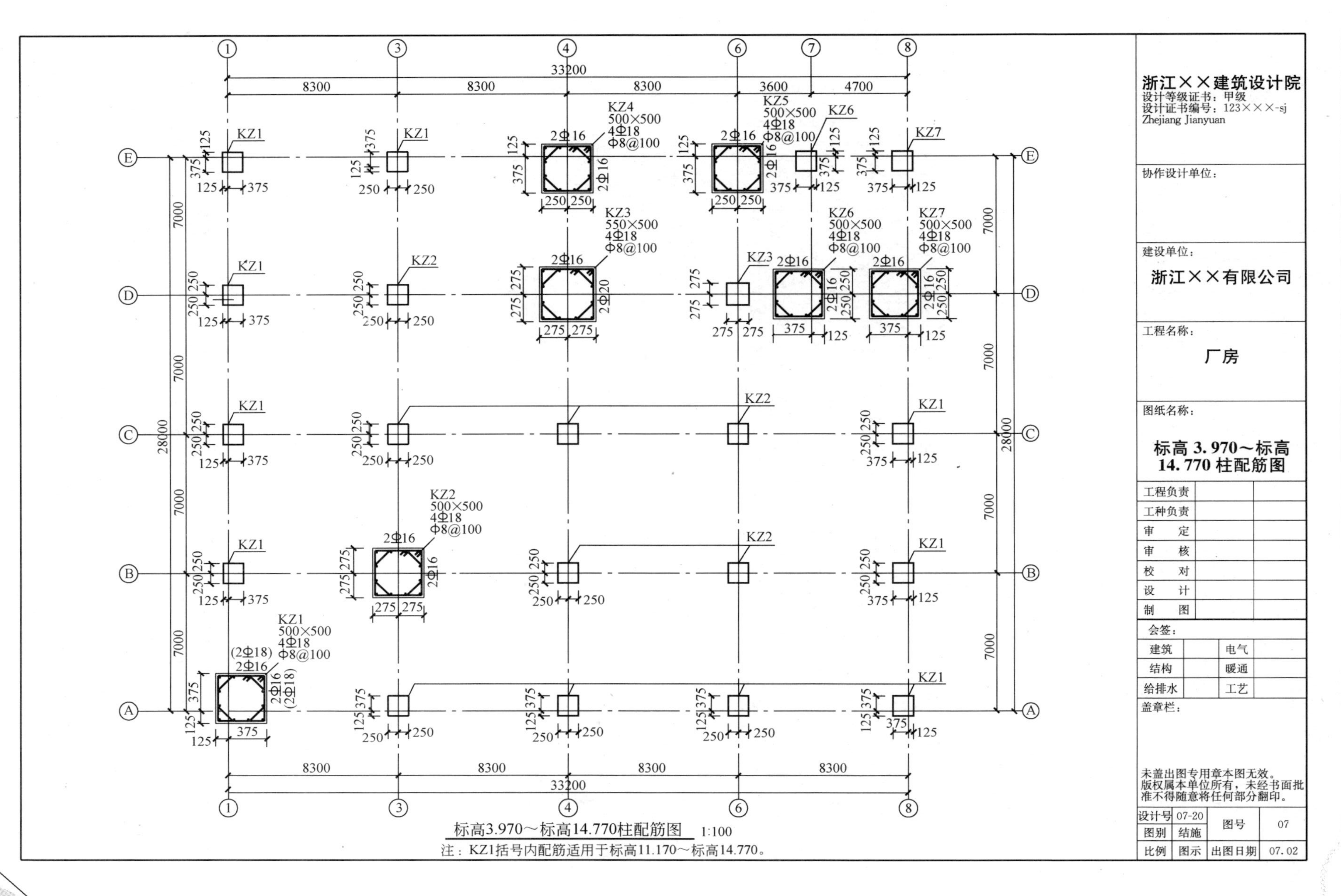

标高3.970～标高14.770柱配筋图 1:100

注：KZ1括号内配筋适用于标高11.170～标高14.770。

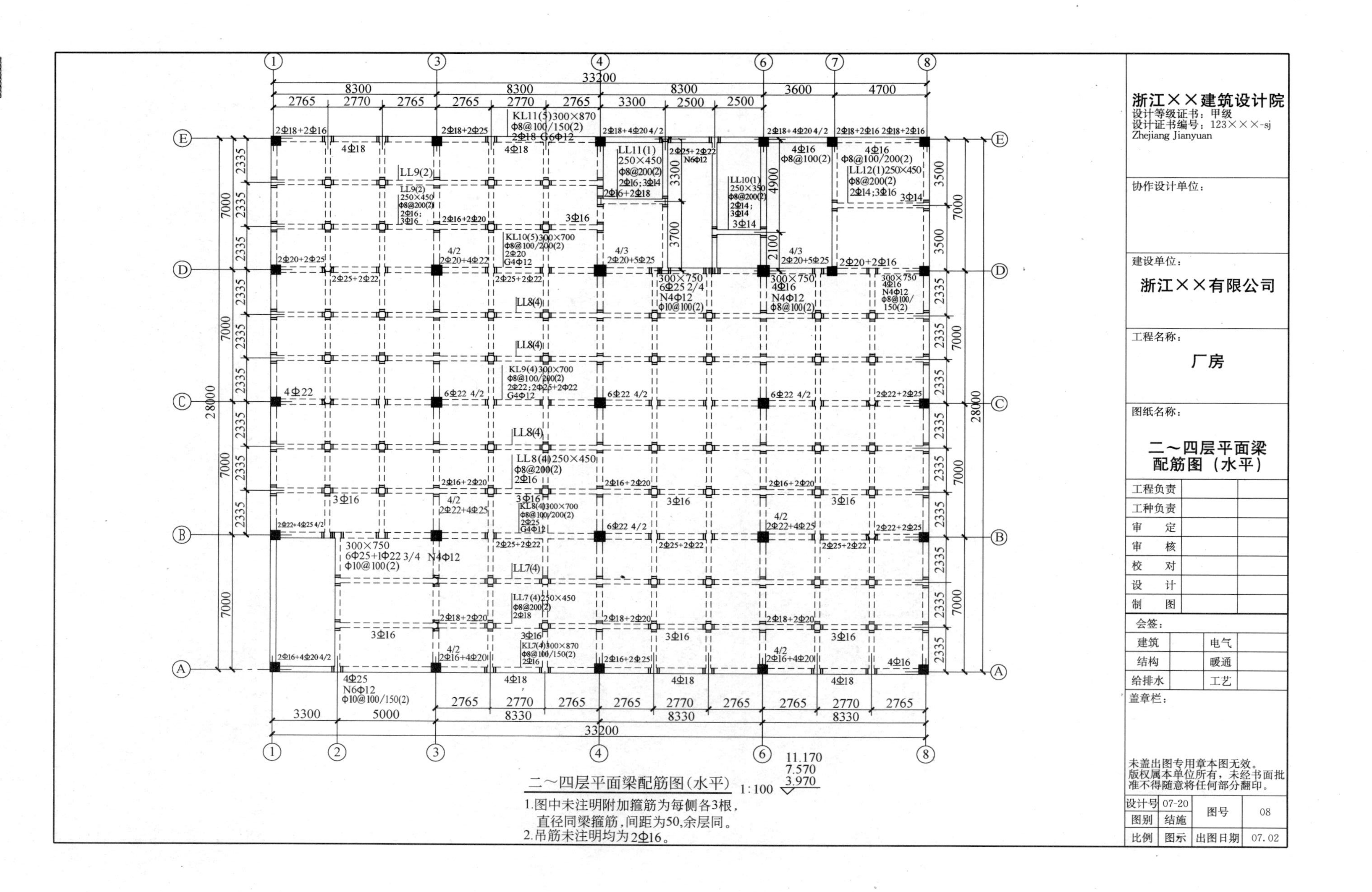

浙江××建筑设计院
设计等级证书：甲级
设计证书编号：123×××-sj
Zhejiang Jianyuan
协作设计单位：
建设单位：
浙江××有限公司
工程名称：
厂房
图纸名称：
二～四层平面梁配筋图（水平）
工程负责
工种负责
审 定
审 核
校 对
设 计
制 图
会签：
建筑 电气
结构 暖通
给排水 工艺
盖章栏：
未盖出图专用章本图无效。版权属本单位所有，未经书面批准不得随意将任何部分翻印。
设计号 07-20 图号 08
图别 结施
比例 图示 出图日期 07.02
二～四层平面梁配筋图（水平） 1:100
11.170
7.570
3.970
1.图中未注明附加箍筋为每侧各3根，直径同梁箍筋，间距为50，余层同。
2.吊筋未注明均为2Φ16。

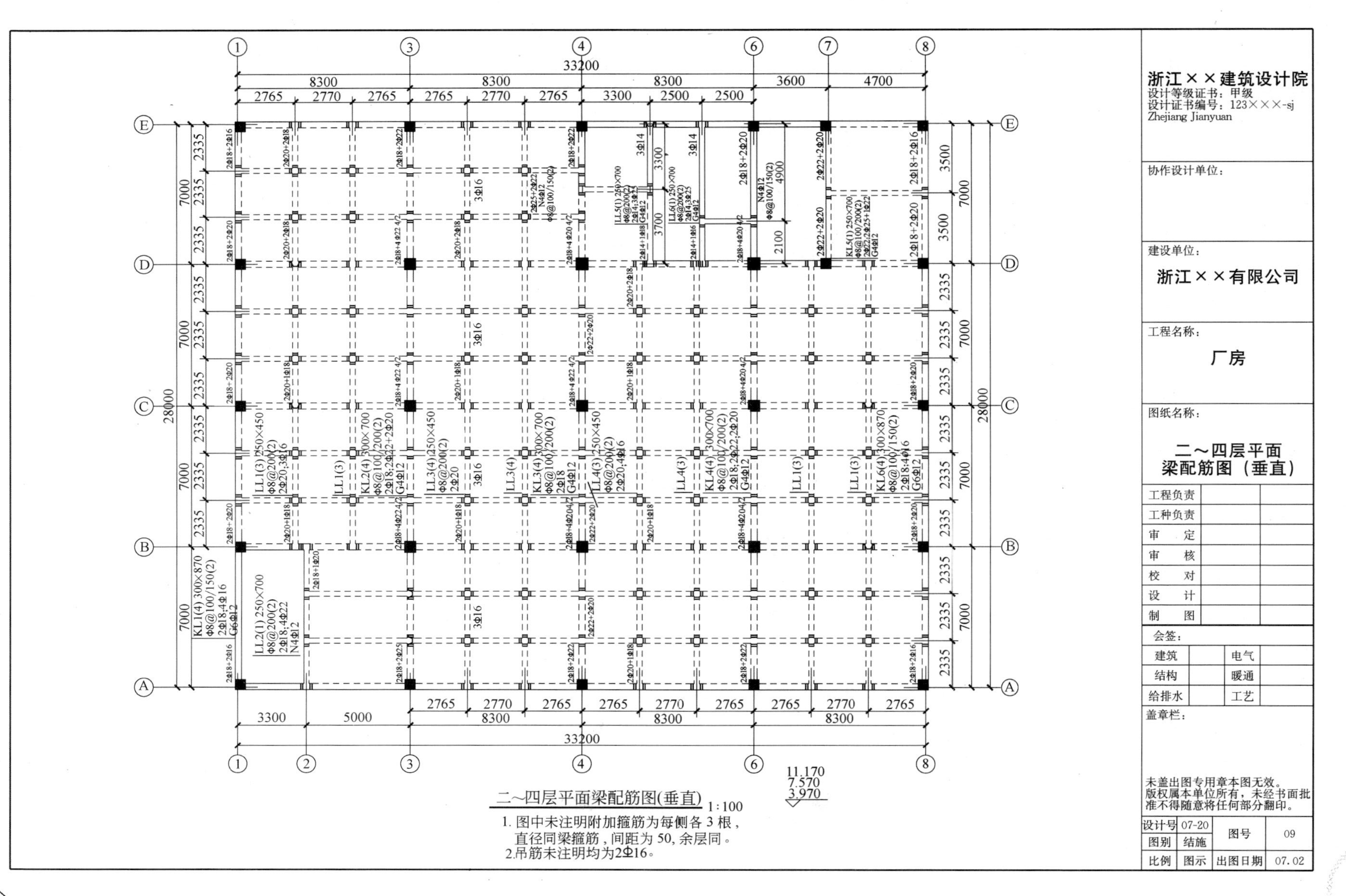
浙江××建筑设计院
设计等级证书：甲级
设计证书编号：123×××-sj
Zhejiang Jianyuan
协作设计单位：
建设单位：
浙江××有限公司
工程名称：
厂房
图纸名称：
二～四层平面梁配筋图（垂直）
工程负责
工种负责
审定
审核
校对
设计
制图
会签：
建筑
电气
结构
暖通
给排水
工艺
盖章栏：
未盖出图专用章本图无效。版权属本单位所有，未经书面批准不得随意将任何部分翻印。
设计号 07-20
图别 结施
图号 09
比例 图示
出图日期 07.02
二～四层平面梁配筋图(垂直) 1:100
1.图中未注明附加箍筋为每侧各3根，直径同梁箍筋，间距为50，余层同。
2.吊筋未注明均为2⌀16。
11.170
7.570
3.970
33200
28000
KL1(4) 300×870
KL2(4) 300×700
KL3(4) 300×700
KL4(4) 300×700
KL5(1) 250×700
KL6(4) 300×870
LL1(3) 250×450
LL2(1) 250×700
LL3(4) 250×450
LL4(3) 250×450
LL5(1) 250×700
LL6(1) 250×700

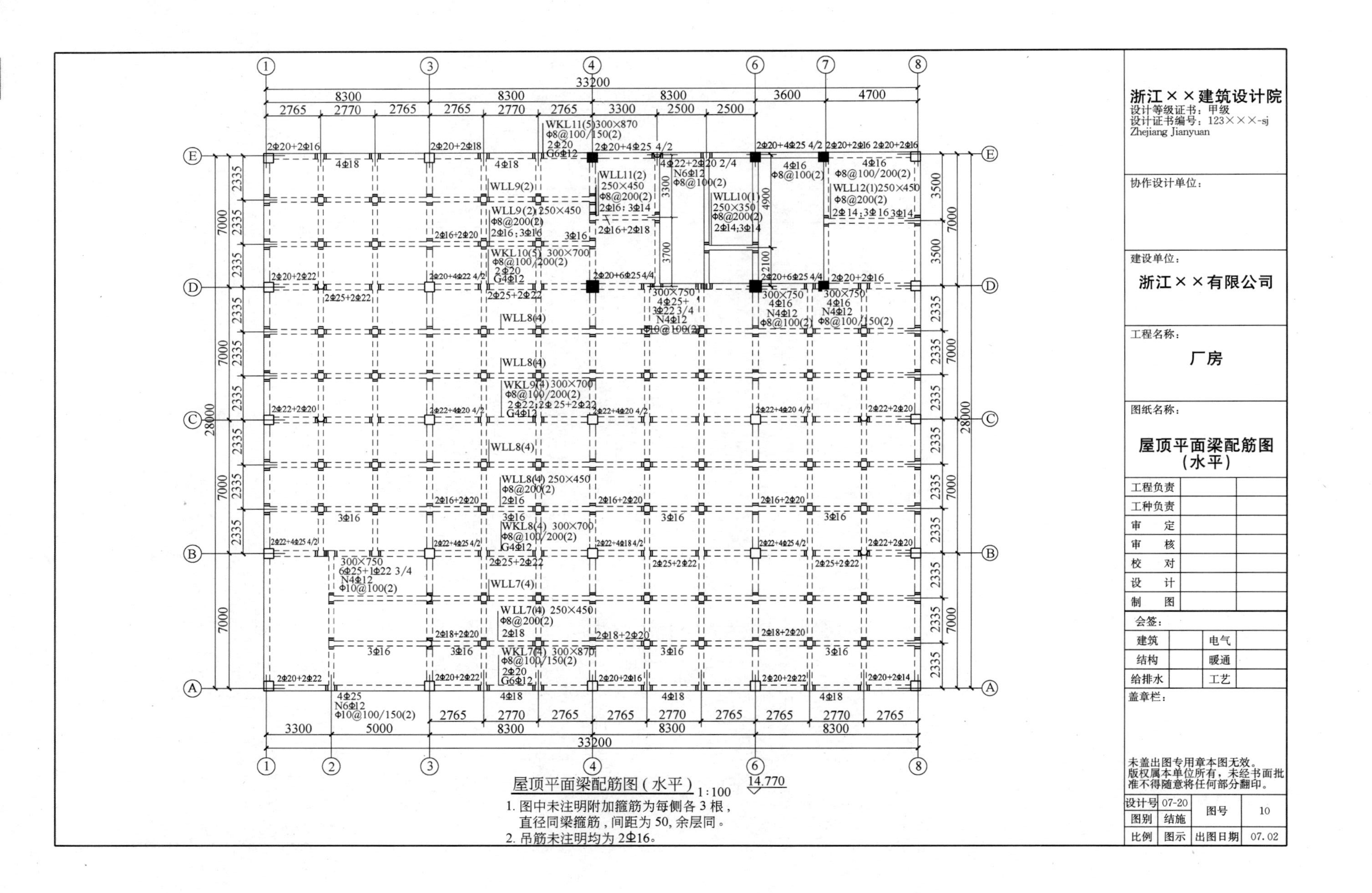

屋顶平面梁配筋图（水平） 1:100

1. 图中未注明附加箍筋为每侧各 3 根，直径同梁箍筋，间距为 50，余层同。
2. 吊筋未注明均为 2Φ16。

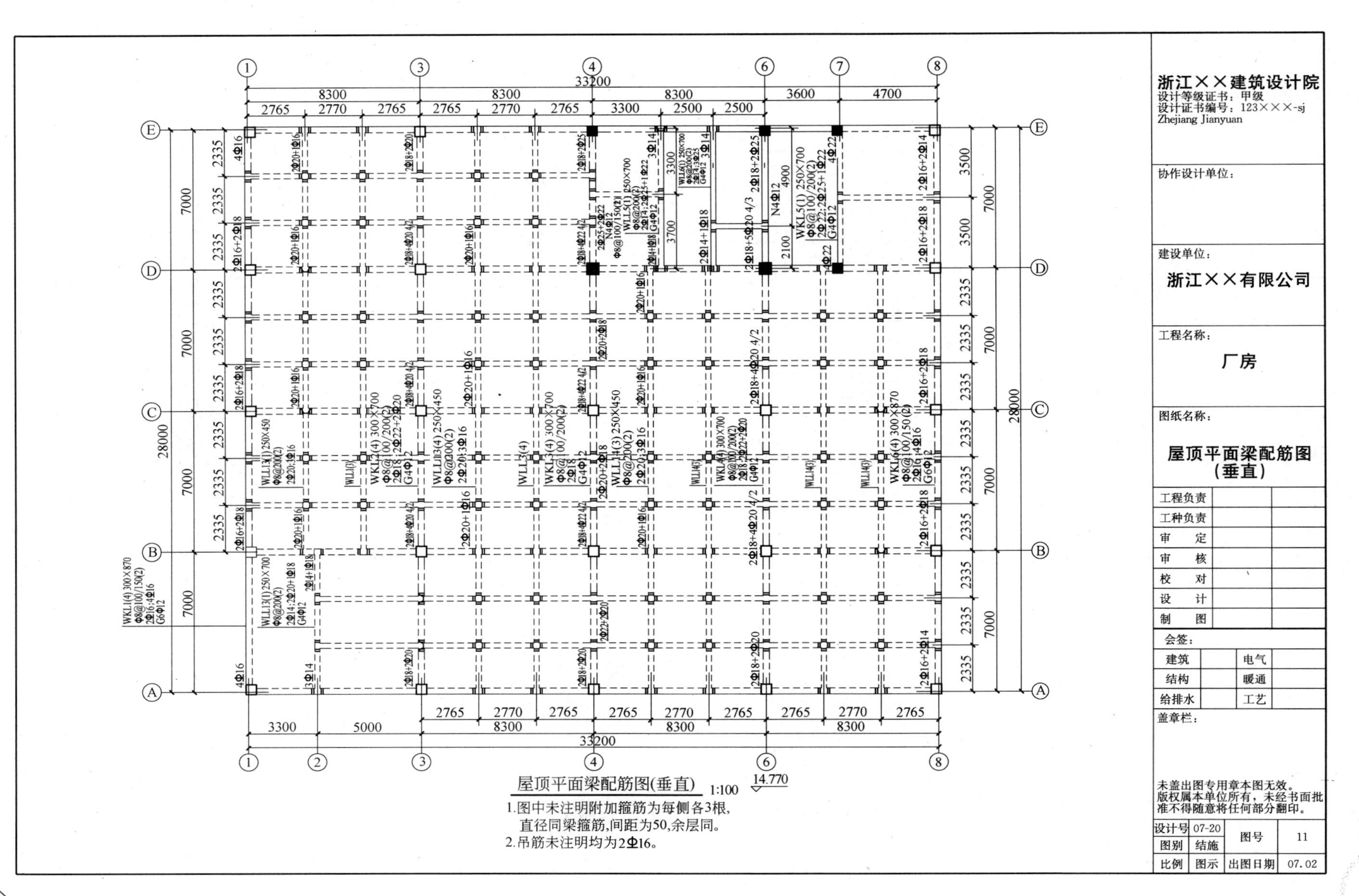
浙江××建筑设计院
设计等级证书：甲级
设计证书编号：123×××-sj
Zhejiang Jianyuan
协作设计单位：
建设单位：
浙江××有限公司
工程名称：
厂房
图纸名称：
屋顶平面梁配筋图（垂直）
工程负责
工种负责
审定
审核
校对
设计
制图
会签：
建筑
电气
结构
暖通
给排水
工艺
盖章栏：
未盖出图专用章本图无效。
版权属本单位所有，未经书面批准不得随意将任何部分翻印。
设计号 07-20
图别 结施
图号 11
比例 图示
出图日期 07.02
屋顶平面梁配筋图(垂直) 1:100
14.770
1.图中未注明附加箍筋为每侧各3根，直径同梁箍筋，间距为50，余层同。
2.吊筋未注明均为2Φ16。
33200
28000
8300
7000
3600
4700
3300
5000
WKL1(4) 300×870
WKL2(4) 300×700
WKL3(4) 300×700
WKL4(4) 300×700
WKL5(1) 250×700
WKL6(4) 300×870
WLL13(1) 250×700
WLL13(1) 250×450
WLL13(4) 250×450
WLL14(3) 250×450
WLL5(1) 250×700
WLL6(1) 250×700

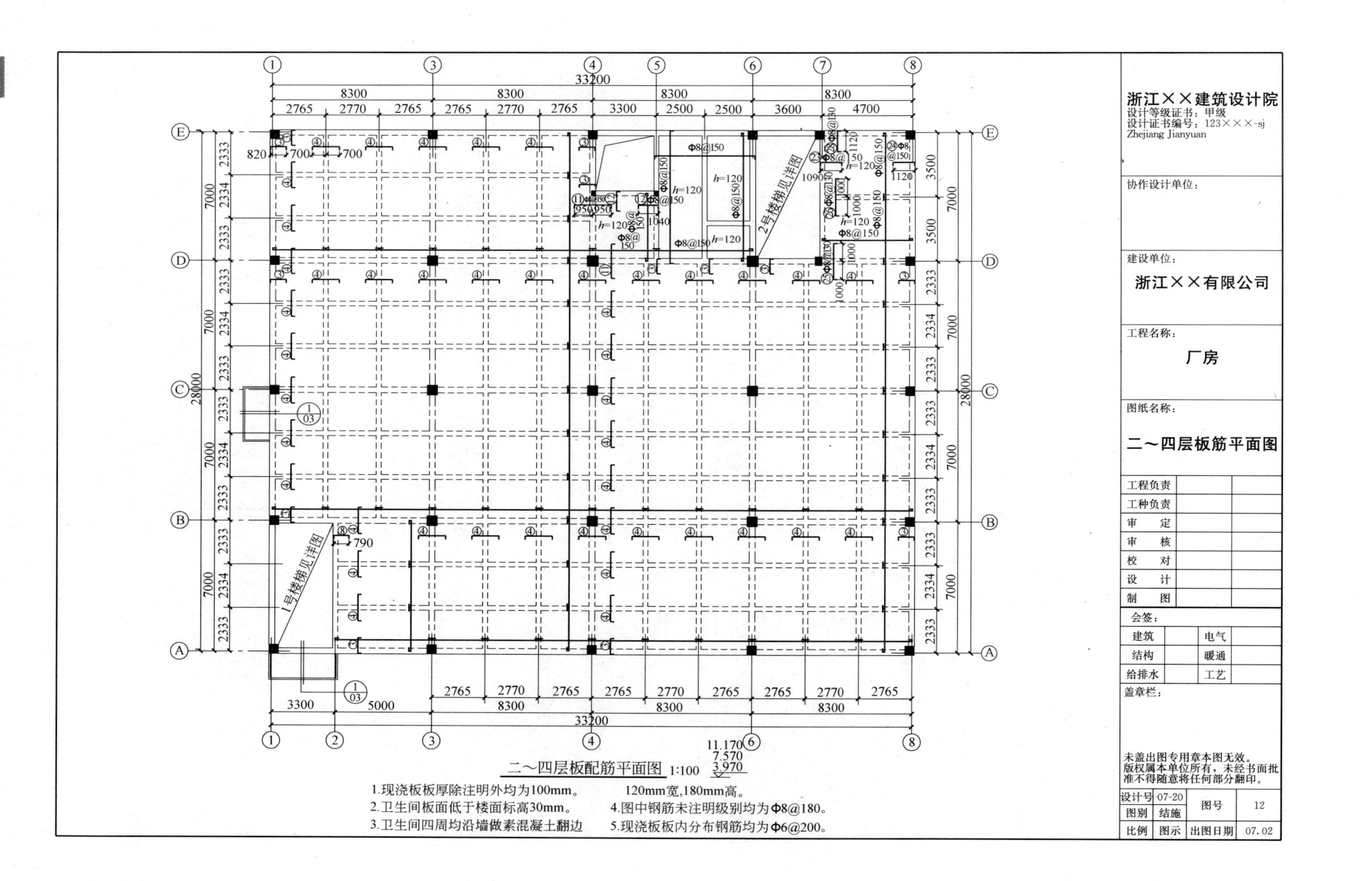

浙江××建筑设计院
设计等级证书：甲级
设计证书编号：123×××-sj
Zhejiang Jianyuan
协作设计单位：
建设单位：
浙江××有限公司
工程名称：
厂房
图纸名称：
二～四层板筋平面图
工程负责
工种负责
审　定
审　核
校　对
设　计
制　图
会签：
建筑
电气
结构
暖通
给排水
工艺
盖章栏：
未盖出图专用章本图无效。
版权属本单位所有，未经书面批准不得随意将任何部分翻印。
设计号 07-20
图号 12
图别 结施
比例 图示
出图日期 07.02
2号楼梯见详图
1号楼梯见详图
二～四层板配筋平面图 1:100
11.170
7.570
3.970
1.现浇板板厚除注明外均为100mm。
2.卫生间板面低于楼面标高30mm。
3.卫生间四周均沿墙做素混凝土翻边120mm宽,180mm高。
4.图中钢筋未注明级别均为Φ8@180。
5.现浇板板内分布钢筋均为Φ6@200。

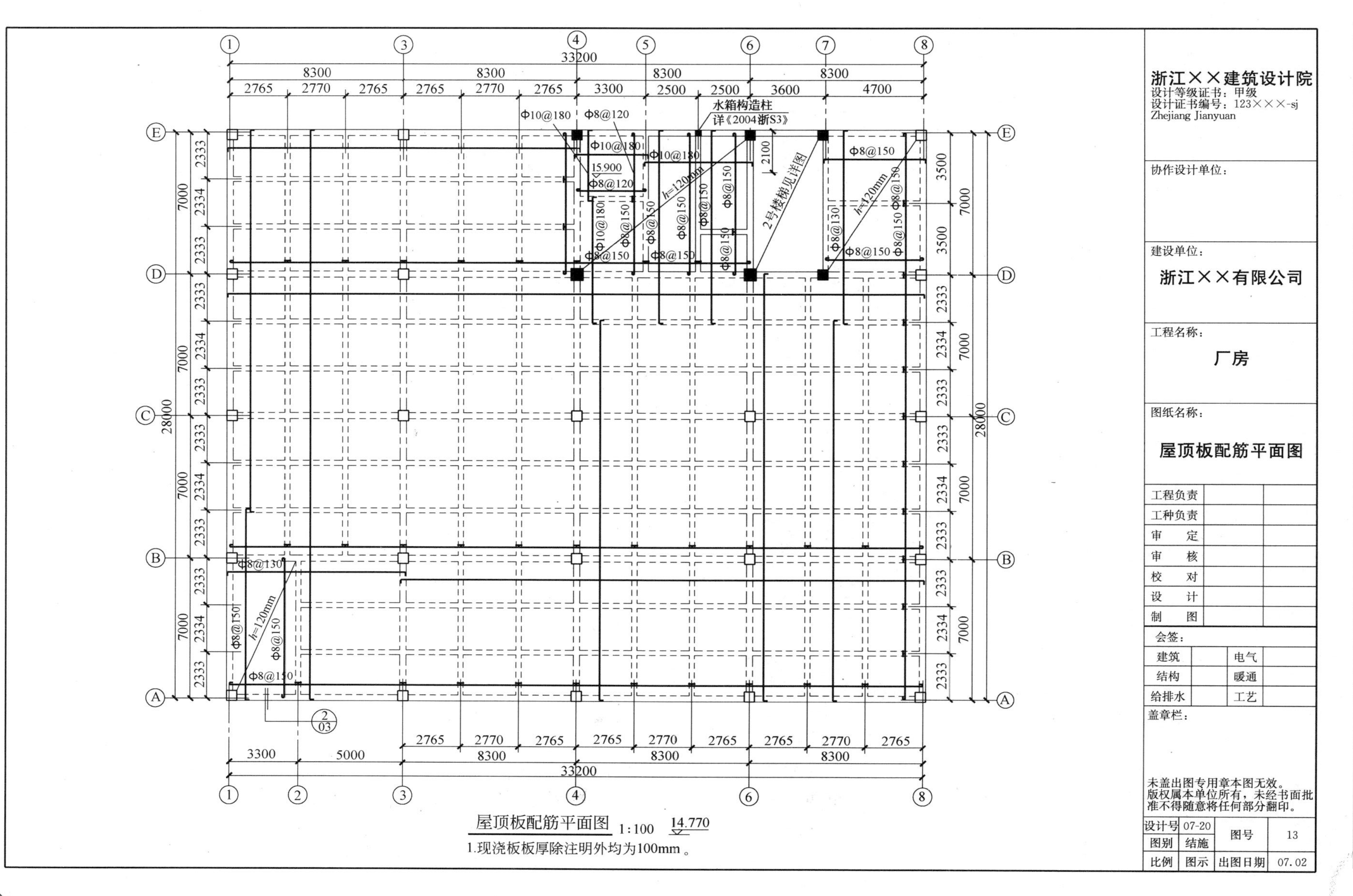

屋顶板配筋平面图 1:100 14.770

1.现浇板板厚除注明外均为100mm。

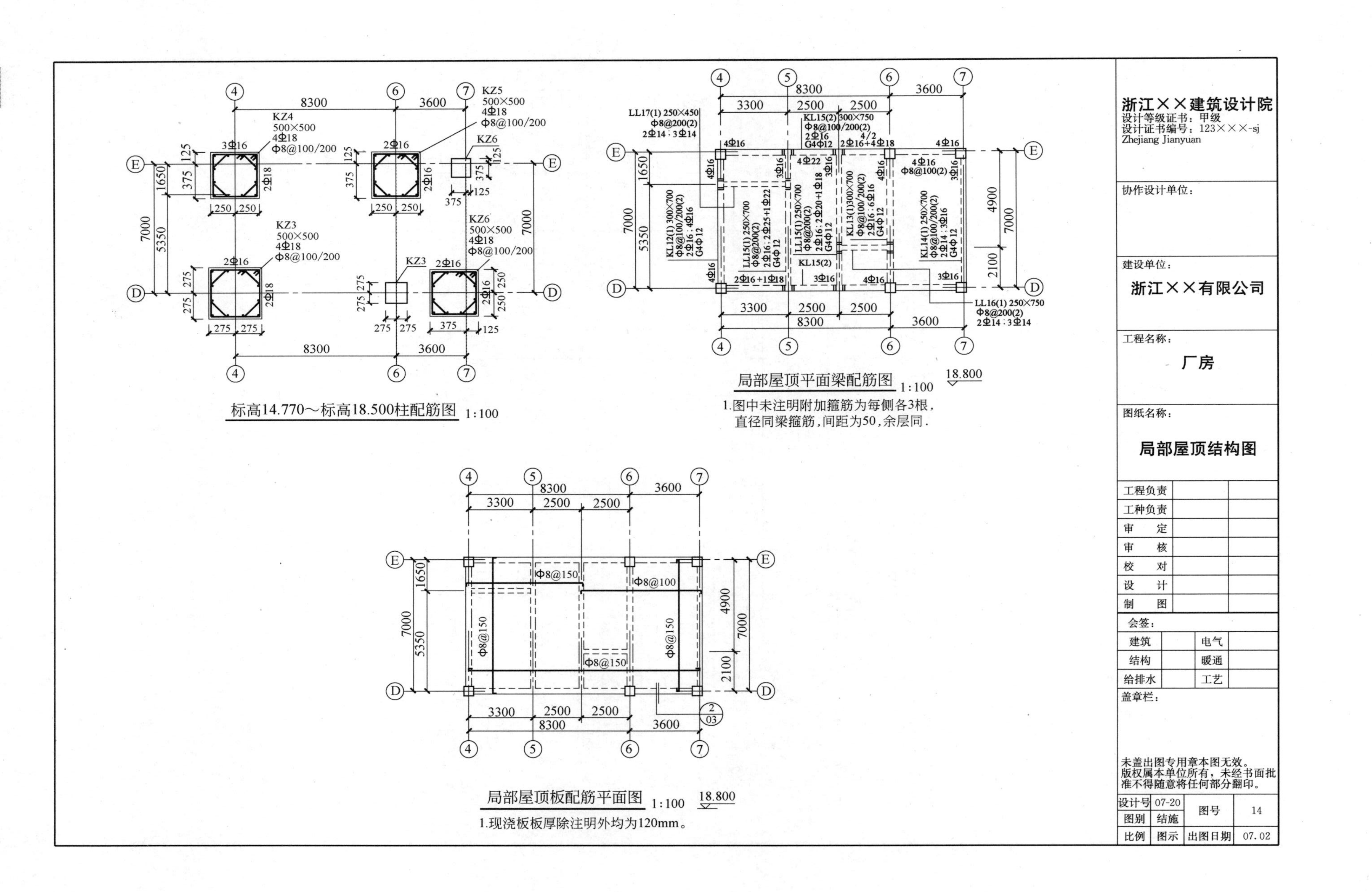

标高14.770～标高18.500柱配筋图 1:100
KZ4 500×500 4Φ18 Φ8@100/200
KZ5 500×500 4Φ18 Φ8@100/200
KZ3 500×500 4Φ18 Φ8@100/200
KZ6 500×500 4Φ18 Φ8@100/200
局部屋顶平面梁配筋图 1:100 18.800
1.图中未注明附加箍筋为每侧各3根，直径同梁箍筋，间距为50，余层同.
LL17(1) 250×450 Φ8@200(2) 2Φ14；3Φ14
KL15(2) 300×750 Φ8@100/200(2)
KL12(1) 300×700 Φ8@100/200(2) 2Φ16；4Φ16 G4Φ12
LL15(1) 250×700 Φ8@200(2) 2Φ16；2Φ25+1Φ22 G4Φ12
LL15(1) 250×700 Φ8@200(2) 2Φ16；2Φ20+1Φ18 G4Φ12
KL13(1)300×700 Φ8@100/200(2) 2Φ16；6Φ16 G4Φ12
KL14(1) 250×700 Φ8@100/200(2) 2Φ14；3Φ16 G4Φ12
LL16(1) 250×750 Φ8@200(2) 2Φ14；3Φ14
局部屋顶板配筋平面图 1:100 18.800
1.现浇板板厚除注明外均为120mm。
浙江××建筑设计院
设计等级证书：甲级
设计证书编号：123×××-sj
Zhejiang Jianyuan
协作设计单位：
建设单位：
浙江××有限公司
工程名称：
厂房
图纸名称：
局部屋顶结构图
工程负责
工种负责
审定
审核
校对
设计
制图
会签：
建筑
电气
结构
暖通
给排水
工艺
盖章栏：
未盖出图专用章本图无效。
版权属本单位所有，未经书面批准不得随意将任何部分翻印。
设计号 07-20
图别 结施
图号 14
比例 图示
出图日期 07.02

浙江××有限公司厂房自审记录（仅供参考）

建筑施工图

1. 建施 01 总说明中层数三层有误，应为四层。
2. 建施 01 总说明中防潮层标高与结施图的基础说明不符。
3. 建施 03 一层平面图中指北针未表示。
4. 建施 03 一层平面图中室外标高－0.450 有误。
5. 建施 09 东立面图上有雨篷表示，但在建施 04 二层平面图上未画出。
6. 立面图缺少部分雨篷和门顶标高。
7. 建施 11 剖面图上右侧标注的二层标高及层高有误。
8. 建施 12 的节点 4 标高 14.500 有误。
9. 建施 12 的节点 3 尺寸 900mm 有误，应为 1000mm。
10. 建施图缺少目录表和楼梯、电梯详图。

结构施工图

1. 结施 01 总说明中框架结构抗震等级三级有误。
2. 结施 01 总说明中基础墙体的砂浆标号与基础说明不符。
3. 结施 01 总说明中梁筋保护层厚度 20mm 有误。
4. 结施 03 雨篷节点详图中雨篷板钢筋放置板底错误，应为板面。
5. 结施 05 基础详图中 DL 底面标高－1.300 有误。
6. 结施 05 中 JC-7 基础高度 1300mm 超过室内地面标高。
7. 结施 05 基础详图中砂石垫层厚度 250mm 与结施 03 基础说明不符。
8. 结施 06 中 KZ3 截面尺寸说明 650×650 与尺寸标注 600×600 有误。
9. 结施 08 二层梁平面中 A 轴框架梁 KL7 梁侧加筋未说明。
10. 结施 08 二层梁平面中框架梁 KL8 通常钢筋与支座不符。
11. 结施 14 中 KZ4 钢筋标注有误。
12. 结施 14 中柱配筋图标高标注有误。
13. 建施图中屋面为建筑找坡，与结构图不符。
14. 结施图缺少目录表。
15. 结施图缺少楼梯详图。

3.2 图纸会审模拟

以浙江××有限公司办公大楼施工图为例（详见《综合实务模拟系列教材配套图集》），进行高层建筑施工图识读，编制自审记录，并按照图纸会审程序要求，进行图纸会审模拟，最后形成会审纪要。

附录 1

图纸会审纪要

工程名称： 浙江恒盛　香园小区 2 号地块 12 号楼

会审日期： 2006 年 9 月 20 日

会审地点： 浙江恒盛　香园小区项目部办公室

参加人员： **建设单位—浙江恒盛房产开发公司**

季敏　王方生　胡永福

设计单位—杭州天汇设计研究院有限公司

林伊可　杨越兴　郑浩南　孔翔

监理单位—浙江达信监理有限公司

金研　柯飞洋　沈道南　吴通

施工单位—通州长安建筑安装工程有限公司

胡天富　黄兴国　沈强　曹志国

会审记录：

1. 建施 1 中墙体材料说明与结施 1 不符，以结施 1 为准。

2. 建施 3 中轴线 A 处临空墙厚度与建施 4 详图不符，以详图为准。

3. 建施 5 中 3 号排风口部与结施 5 墙体位置不符处，以结施为准。

4. 建施 9 中取消 C-b 向南 2939mmGQ-3。

5. 建施 12 中 36-38 轴/a-b 轴窗 TLC1521 应为 TLC1524。

6. 建施 15 中 C-10 至 C-11 洗消间应设有扩散间，按结构详图为准。

7. 3 号楼梯地下室从左边起步。

8. 结施 3 中 C-X/S-2 轴柱截面标注 550×600 应为 600×600。

9. 结施 4 中 C-9 轴至 C-10 轴之间，在 C-X 轴上 GQ-1 洞口上方设连梁 LLA250×1000 配上下各 4 Φ22、ϕ8@100（2）。

10. 结施 5 中缺少雨篷详图，由设计单位另出联系单。

11. 结施 5 中 C-10 至 C-11 轴之间 L69 尺寸 250×700mm 改为 300×700mm。

12. 结施 6 中 19-21 轴弱电井处 LKQ 同建施 5 不符，按建筑图定位（配筋按 LKQ 做）19-21 轴交 J 轴 GQ-4，留设 1050 宽门洞，梁顶按 LL8 施工。

13. 结构 6 中 23 轴/C 轴向下 1900 轴线处在楼梯平台－2.480m 处楼梯梁 LT1，截面尺寸为 250×400，配筋同 LT2。

14. 水施3中消火栓位置与结施16中楼梯构造柱相碰，向南移600mm。

15. 水施6卫生间详图布置与建筑8不符，以水施为准。

16. 电施6中配电箱安装困难，平移至轴线2处。

2006年9月27日

建设单位：浙江恒盛房产开发公司

设计单位：杭州天汇设计研究院有限公司

监理单位：浙江达信监理有限公司

施工单位：通州长安建筑安装工程有限公司

杭州天汇建筑设计有限公司联系单

第 1 页　共 1 页

专业　结构　　　　编号01　　　　第01 页　共01 页

工程名称	浙江恒盛·香园小区 2 号地块	工程号	2006-18-12
子　　项	12 号楼	日　期	2006.10

修改原因及内容

1. 根据图纸会审纪要第 10 条，补充节点详图如下所示。

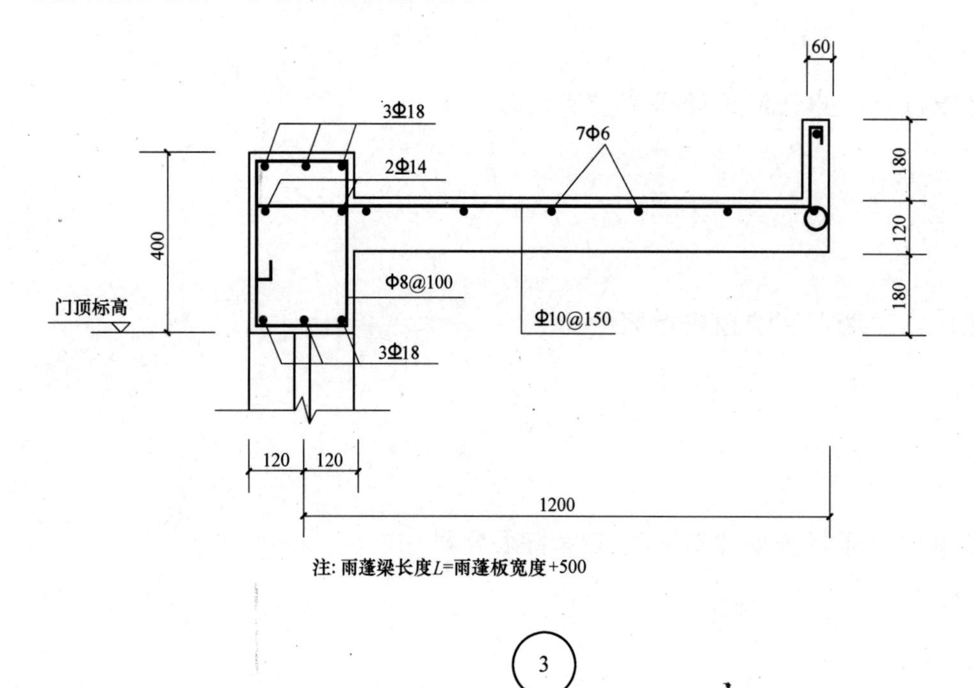

设计		校对		审核		审定	

未盖章无效